偶然の輝き

数学、この大きな流れ

偶然の輝き

——ブラウン運動を巡る2000年

池田信行

岩波書店

はしがき

この本の目標は，数学の抽象的な枠組みの話を準備してブラウン運動の話を進めるのではなく，そのような準備をできる限り少なくして，偶然的な動きをともなう微粒子の運動の数学モデルの姿を紹介することである．

本論に進む前にこの「はしがき」で，このような話に興味を持った動機と各章でどのような話題を取り上げるかをおおまかに述べる．

春先になると西日本では中国大陸から飛来する黄砂に悩まされる．最近は西日本のみならず，日本全国で埃(ほこり)まみれの空気に悩まされることが多くなり，PM2.5 の呼び名が日常的に使われるきっかけになった．このような埃は空中で極めて乱雑に上下，前後，左右に動き回っている．このような微粒子の動きにいち早く関心を示したのはローマの詩人ルクレティウスである．彼は 2000 年以上も前の紀元前 1 世紀頃，暗闇に差し込む一条の光芒の中で乱舞する埃の姿から思い浮かぶ自然の成り立ち方を一編の詩として謳い上げている．同じような微粒子の乱雑な動きをいろいろなところで見つけるまでには長い年月が必要で，オランダのメガネ職人のヤンセン親子による顕微鏡の発見まで待たねばならなかった．オランダのデルフトのレーベンフックは自ら改良した顕微鏡で雨水のような不純物の混ざった水を観察し，ルクレティウスが見た微粒子と同じように，激しく動き回る微粒子を見つけた．

2003 年，山口大学教育学部の河津清さんから集中講義の話があったとき，中学・高校の数学の教育をめざす人々にとっては，取り上げる話としては，数学の公理的枠組みから出発するより，ルクレティウスやレーベンフックが見た微粒子の乱雑な運動の話から始まるほうが好ましいのではないかと考えた．これが本書で取り上げた話題をまとめてみようと思った最初の動機である．

ところが実際準備を始めると，このような話題を系統的に取り上げた成書は日本語で書かれたもののみならず外国語で書かれたものも見つからず，逆に個々の話題については数多くの文献があり，話の準備が大変なことに気づいた．数学史の本にも乱雑な運動について語ったものを見つけることはできなかった．そのために，準備が間にあわず実際の講義はまとまりがないものになった．ところが山口大学の人たちは講義に熱心に参加するだけでなく，講義のときに配布した資料をつなぎ合わせ，ノートの形にまとめてくれ，その資料が後日河津さんから送られてきた．

ちょうどこの頃岩波書店の吉田宇一さんと長時間話す機会があり，そのときの話をきっかけに，未完成のままになっている山口大学で話したことに関連する資料を補完し，ルクレティウスの話から現在のブラウン運動と呼ばれている数学の話に到るまでをまとめようと思い直した．しかしこの作業は容易でなく，遅々として進まず，関連資料の寄せ集めの状態を抜け出せないでいた．この頃，松本裕行さんがこれらの資料に興味を持ち，山口大学での講義に関するノートとその後補完として集めたものや，手書きの関連資料を併せパソコンに入力し，体系的な 1 つのノートの形にまとめ，送ってきてくれた．本書の内容はこのノートを再整理し，補完したものである．

第 3 章に述べるように，微粒子の乱雑な運動の考察は，ブラウンによる観測により飛躍的に進歩する．彼は水中の花粉がはじけて跳び出す粒子や，ロンドン上空の埃や遺跡から取り出したものを細かく砕いた小片を水に浮かべて観測して，いずれの場合も同じような現象が見られることを確認した．それらの結論として，この種の運動は，それまで言われていたような生命力によるものでなく，物理的な特性を持った現象であることを彼は知った．彼は賢明にも，このような運動が起きる理由には立ち入らないで，観測結果の忠実な説明に徹底した．当時の理論の状態では理由の解明は望み薄かった．今日この種の乱雑な運動は彼の名前にちなんで，ブラウン運動と呼ばれている．

この運動の理論的解明は 1905 年のアインシュタインの成果まで待たねばならなかった．これらについては 3.2 節で詳しく述べる．つづく 3.3 節で述べるように，このような運動は 1 ミクロン程度の微粒子に見られることがペランの精密な実験により確認された．ファインマンは，有名な物理学の教科書で，4 ミクロン程度の大きさまでの微粒子でこの種の運動が見られると言っている．アインシュタインは，分子の存在という根源的な視点で解明を進め，この運動を熱方程式をもって特徴づけた．このことは，ド・モアブル以来絶え間なく解明が進められてきた中心極限定理と呼ばれる法則に現れるガウス分布の密度関数がこの方程式の基本解であることと深くかかわっている．アインシュタインは，任意の時刻におけるブラウン運動の状態がガウス分布に内在している対称性や普遍性を持っていることを示している．通常の直線運動は1階常微分方程式で決まるが，ブラウン運動を引き起こす媒質の分子のような，より小さくナノの水準の大きさの微小粒子の運動の解明には，後年明らかになるように量子力学で知られているシュレディンガー方程式が基本的役割を果たしている．この方程式と熱方程式は似た形をしているが，前者の係数に純虚数が現れる点に根本的な違いがある．

なお，日本の研究者の間ではブラウンの実験について，花粉そのものが動くという誤解が長い間続いていた．多くの物理学者や数学者によるブラウン運動についての解説にはこの間違いが見られた．この勘違いについては板倉聖宣氏の解説があるが，川中宣明さんに板倉氏の解説についての話を聞くまで，筆者自身もこの勘違いに気がつかなかった．その他にも，川中さんにはたくさんの資料の収集で助けられた．

この話の原稿を準備している頃，日本の数学者の間で数学の形に公理化される以前の現象に注目する動きが次第に強まってきた．その流れにそった話を慶應義塾大学の理工学部数理科学教室で2回にわたって行う機会があった．その内容が同教室の講義録に取り上げられ，そのことが契機になり，ここで取り上げている話に関係する意見や資料が多くの人から寄せられた．たとえば信州大学の美谷島氏から3.1節で述べるブラウンの実験を再現する話の物理学会誌への報告の別刷のみならず，学術誌ではなく，信州大学の物理学科の同窓会誌に掲載された解説の別刷が送られてきた．

このことから，ミクロン単位の微小粒子の運動についての話が数学の枠を越えて，広い範囲の人々の興味を呼んでいることを知った．実際，2016年ノーベル化学賞に取り上げられた分子モーターの話は，この運動に深くかかわっている．このことについてはもう少し詳しく6.3節で述べる．なお，ブラウンの実験についての日本での誤解は研究者の間だけで，一般では必ずしもその誤解はなかったと思われる．というのも，(旧制)高等学校を引き継いだいくつかの大学の図書館では1913年のペランの著書を今も見ることができるからである．今となっては確かめようもないが，このことは大学に進む前の(旧制)高校生によってこの本が読まれた可能性を暗示している．ブラウンの観測については，3.1節に述べるように，美谷島のものの他にフォードによるものがある．1998年7月号『日経サイエンス』で色彩つきの微粒子の動きを楽しむことができる．

ルクレティウスの長編詩については，1.2節で述べるように，後年西ヨーロッパの多くの人々が注目した．日本でも明治以降注目され，たとえば寺田寅彦による詳しい紹介が彼の随筆集におさめられている．話は少し横道にそれるが，彼が学んだ(旧制)第五高等学校の赤煉瓦の本館は明治時代の代表的学校建築の記念館として熊本大学により管理され一般に公開されている．創立当時の関係者についての資料も展示されているが，残念ながら，筆者の知る限り，寺田寅彦に関する資料の中には彼がルクレティウスに興味を持っていたことの説明は見あたらない．

本書では，ミクロン規模の微粒子の運動の乱雑さを語る言葉としては，パスカルとフェルマーに始まる確率の概念を用いる．しかしながら，乱雑さの持っている偶然性を数学の枠組みに取り込む方法として他にも知られているものがある．たとえば，コルモゴロフが晩年努力していたチューリングの生成汎関数を用いる方法がその一つとして知られている．大胆な言い方をすれば，これは事象を言い表す論理が複雑なものほど偶然性が高いという考え方である．ここではこの流れにそった話は取り上げない．また，第2章では微粒子の運動にこだわらず，確率の言葉で語られる偶然の話が数学の中に広く内在していることを示すために，偶然に関係する用語を表向き使わないが実は偶然にまつわる法則について語っている，いくつかの例を紹介する．

アインシュタインは任意の観測時間を固定して，まずそのときの状態が熱伝導の方程式の基本解で定まっていることを示し，それと異なる観測時間の状態はその方程式の特性で決まっていることを示している．これに対してウィナーは，連続な観測時間全体の状態を直接同時に表現する確率を求める問題に取り組んだ．すなわち，連続関数の空間上の確率でペランの観測で得られた微粒子の運動の特徴を備えたものを構成することに取り組んだ．そのことについては第5章で述べるが，彼は1920年代の前半をこれに費やし，その成功の後は有限次元のときの平坦なルベーグ測度のように，ブラウン運動を表現する測度を基礎とする連続曲線の空間上の解析を展開することを提唱した．その頃は有限次元の場合ですらルベーグ測度は広く用いられる状況になっていないときで，ウィナーが提起した話は時代を先駆けていた．加えて，第6章の補足で述べるように，研究者たちは数学とは関係ない社会変動の荒波に飲み込まれていた．1930年頃までは開かれていた西ヨーロッパ諸国間やロンドン，モスクワやサンクトペテルブルクなどの交流も次第に細っていった．それでも今日から見ると考えられないほどの悪環境の中でも，これら各地や新たに加わったアメリカで，ウィナーが提起した問題についての取組みは，国際的な交流なしに進められていた．

第6章の後半で，微粒子が浮遊する媒質の物理的特性が空間的に一様でない場合の微粒子の運動の特性が解析や幾何の話にどんな形で現れるかを取り上げる．これらについては，6.1節で述べた，1930年にコルモゴロフに提起された大枠に含まれる典型として述べる．

1930年代当時の社会混乱を引き起こした当事者の一国である日本の研究環境も極端に悪くなっていた．そんな時代に，ウィナーが提起した話を展開するときに欠くことのできない確率積分の概念が伊藤清先生により導入された．ところが，その成果を発表する学術誌は見つからず，当時大阪大学の数学者の努力により発行されていた「全国紙上数学談話会」誌という謄写版刷りのものに，しかも日本語で発表された．この談話会誌は学術機関だけでなく，登録された個人にも配布されていたので，丸山儀四郎先生も手にすることができた．当時の雰囲気を知る一人としては想像もできないが，丸山先生はこの論文を戦時下に学習されたと伝わっている．戦争が終わってからも，しばらくは国際交流の道は閉ざされていたので，1940年代の間は丸山先生は国内外を問わず，伊藤先生による確率積分の概念の唯一の理解者であった．なお，この概念は，先に述べたコルモゴロフが提起した問題を，軌跡が連続な場合に，ブラウン運動の軌跡を瞬間瞬間に変形して解決するために考えられた．

このような混乱もあって，ウィナーが提起したことが実を結んだ話になるのは20世紀も半ばを過ぎる頃になる．たとえば，ブラウン運動の軌跡は微分不可能で1/2–ヘルダー連続に近い滑らかさしか持たないことは，ペランの観察をもとに，ウィナーが始めた頃から知られていたが，ウィナーが導入した確率が連続関数の空間のどの部分に集まっているかに満足の得られる形の解決が得られたのは1960年代になってからである．これは，チュンとエルデシュの考えを白尾恒吉さんが，最終的な形にまとめあげた形で解決された．5.2節で述べるように，ブラウン運動がどの程度滑らかかを決める連続関数についての判定条件はある種の積分の発散，収束で与えられている．ウィナーはこのように積分または級数の発散，収束で決まる話が多く見られるポテンシャル論に興味を示していた．

また，ウィナーはフーリエ展開の考えは滑らかでない関数の場合も有効であると考えていたようで，2重和の形であるがこの考えでブラウン運動の軌跡を $[0,1]$ 区間上の一様測度を用いて構成することを1930年代に成し遂げている．このフーリエ展開の考えがレヴィやカッツ始め多くの人に特別な形で活用されている．最終的には，5.3節に述べるように伊藤先生と西尾真喜子さんにより一般的な形が完成された．今日ではフーリエ展開についての本では滑らかな場合とならんで，そうでない場合が体系的に語られている．

第7章ではブラウン運動の軌跡の2次関数を取り上げる．初等数学で，円，放物線，双曲線など2次関数は話の根本にかかわる役割を果たしていることは広く知られている通りである．それにとどまらず，2次形式の解明は数学の話で大きな役割を果たしている．このことは無限次元での話でも変わらない．たとえば，量子力学の考えが確立されて間もなくの頃，2次のポテンシャルを持つシュレディンガー方程式は厳密解を持つことが示された．このことを用いヴァン・ヴレックにより量子力学の話と古典力学の関連が論じられている．これに類似することを熱方程式で考えれば，ブラウン運動の軌跡に関する2次関数の考察に到達する．レヴィが前世紀の中頃に導入したブラウン運動の軌跡の囲む領域の(符号つき)面積は，その代表的な例である．ブラウン運動の軌跡は微分不可能であり長さは定義できないが，この量は軌跡に関する代表的な幾何学的な量である．しかもその確率分布はベルヌーイ数やオイラー数と密接な関係を持っている．和算研究の先駆者関孝和もベルヌーイ数と同じ数列を考えていたことが知られているが，これを導入したときは恐らく想像もしなかったであろう偶然の話とのつながりが分かり始めている．

最後に第8章で，非線形方程式にまつわる話を紹介する．

これまで述べてきたことは，2000年にわたるブラウン運動の一面に過ぎないが，ようやく1つの形にまとめることができたのは，ここでは述べ切れないほど多くの友人の助けによっている．そもそも話の始まりそのものが松本裕行さんの助けによることは最初に述べた通りである．その後も数多くの資料の収集，原稿の整理など，松本さんに頼ってきた．なお，原稿の整理については谷口説男さんの助力も得た．それのみならず，後半の章には二人とのやりとりの中で新たに知った話が含まれている．また川中さんからは先に述べたように種々の多くの資料を貰ったが，それにとどまらず数学の考え方に数知れぬ示唆を得た．また小谷眞一さんから偶然についての諸々の数学の話題を学んだ．加えて考えをまとめるにあたっては渡辺信三さんに長らく学んだことに助けられた．前世紀も半ばを過ぎて，研究者を取りまく国際的な状況が大きく変わっていく頃，田中洋さんや十時東生さんと共に小野山卓爾先生に確率論の手ほどきを受けたことをきっかけに，田中さんと十時さんと一緒に丸山先生の指導を受けることになり，さらに伊藤先生の教えを直接受けることになった．これら先生方に学んだことを活かしたいと自分なりに努めてきたが，どこまでできたか，自分でも心もとなく思っている．

最後に，筆者のいたらなさのために，最初に話があってから，原稿の完成が遅れに遅れを繰り返し迷惑をかけたことを吉田宇一さんにお詫びしたい．

なお，本文では簡単のために先生方もふくめて一切の敬称を省いた．

微小な空気の揺れで動く芸術作品のある街三田に於いて[*1]

---

*1　新宮晋「風のミュージアム」http://windmuseum.jp/

目　次

第1章 偶然の中に潜む法則

1.1 身近に現れる“ゆらぎ”

将来のことは完全に予測できることは少なく，おおよそのことしか分からないことが多い．このことについて福沢諭吉は，例として著書『文明論之概略』のなかの「一国人民の智徳を論ず」で菓子屋の話を持ち出している[75, 第4章，82-83頁]．この話は，安野光雅のエッセイの一節「ベルヌーイ一家」に次の形で紹介されている[4]．

> 「餅屋はその日何人の客が何個の餅を買いにくるかわからないのに，経験上毎日おなじ数の餅を作る．一方，客は三々五々買いにくるわけで，申し合わせているわけでもないのに夕方にはどうやら売り切れる．この餅の数くらいでは大数とは言えないが，それでも法則のモデルと考えることはできる．ただし大数の法則と，個々の事例とはまったく別のものと考えた方がいい．」

この話で顧客一人一人はいつも大福餅を買う日を事前に決めていないので日々の売れ高は多少の違いがあるが，顧客相互は互いに相談なく別々に買い物するにもかかわらず，全体としては日々の売れ高にはそれほど違いが生まれない．店の主人は長い経験から毎日の売上高におおよその見当がつく．

同じ話は，近年我々のより身近な日常生活の中にも見られる．今から半世紀前の頃は，天気予報はラジオを通じて行われており，“当たらないこと”の代名詞みたいに言われていた．しかしながら，現在は地球規模の観測が行われ，情報処理技術の想像を超える進歩により，「明日どこどこに雨が降るのは確率 10%」と言われても違和感を覚えないくらいになっている．それだけではなく，市町村単位の予報すら入手できる．最近の新聞報道によれば，大規模なコンビニエンスストアでは，天気予報の情報を参考にして日々の仕入れ量を決め，残品を減らしているとのことである．

ここでの問題は，日々の売れ行きという“ゆらぎ”のある話の中に，総売上高について，ゆらぎのない特定の数値を見つけることである．一般に自然に向き合うときの立場として，わが国を代表する物理学者の一人である朝永振一郎はガリレオ(Galileo Galilei)の『新科学対話』の次のことばに注目している[278, 上，83 頁]．

「哲学は目の前にたえず開かれている最も巨大な書，すなわち宇宙のなかに書かれているのです．……その書は数学の言語で書かれており，その文字は三角形，円，その他の幾何学的図形であって，これらの手段がなければ，人間の力ではその言葉を理解できないのです．」

この言葉を踏まえて，朝永は，「自然の書物は数学の言語によって書かれている」と述べ，ニュートン(Isaac Newton)が行ったことは「運動法則に関して自然が用いた数学を発見する」ことだったとまとめている．ガリレオやニュートンは自然法則のなかでもっとも基本的なもののいくつかを数学の言葉で表現し，実験を繰り返さなくてもいろいろの事実を導くことができ，観察されなかった事実を予見できることを示した．

自然の中に潜む法則を紐解くために数学のことばを用いるのは，朝永が挙げた無生物に関する自然現象だけとは限らない．これから順次述べるように，先に述べた商品の売り上げのような社会現象の問題の中にも数学の言葉が見つかる．ゆらぎをともなう現象の中に特定の量を見つける問題を大きく前進させたのは，先に述べた安野のエッセイに出てくる，スイス生まれのヤコブ・ベルヌーイ(Jakob Bernoulli)である．ベルヌーイ一家の話は有名であるが[10]，ヤコブ・ベルヌーイが活躍したのは，ニュートンやライプニッツ(Gottfried Wilhelm Leibniz)による微積分の体系が始められ数学や物理学の大転換に続く 17 世紀後半から 18 世紀にかけてである．

1.2　肉眼で観る自然に潜む偶然

話は時代をさかのぼり，紀元前 1 世紀に戻る．その半ば，ローマの詩人ルクレティウス(Titus Lucretius Carus)が叙事詩形の 6 巻，総行数 7400 行の本 "De Rerum Natura" [176]で素朴な形で自然の本質を論じている．彼は哲学者であり，また現代風に言えば自然科学者であった．彼の考えは，自然を究極の微粒子に分解して考える，極めて唯物論的なもので，ギリシャ以来の哲学の主流には受け入れられなかった．しかし，近代科学の創成期になると，西ヨーロッパの高名な科学者たちに注目されていた．たとえば，19 世紀後半に活躍した物理学者ケルビン卿(Lord Thomson William Kelvin)もルクレティウスの愛読者で，1895 年の彼のある手紙の一節で「このごろ，マンロー訳の助けをかりてルクレチウスを読んでいた．そして原子の衝突についてなんとか自分流儀の解釈をしてみようと思ってだいぶ骨折ってみたが，どうもうまくできない」[272, 209 頁]と述べている*1．なお，ケルビン卿は高名な物理学者で現在の数学にも大きな影響をおよぼしている．たとえば，境界のある領域や多様体の上の解析や幾何の研究では，ケルビンの反射原理と呼ばれる原理に関係した結果が広く知られている．それらは，これから次第に明らかにしていくように，我々の主題である偶然を伴う数学の問題でもある．これらの事情は，ルクレティウスに興味をもった数少ない日本の物理学者の一人である寺田寅彦の随筆集に紹介されている[272]．

ルクレティウスは，日本語訳[176]の 67-68 頁の項目 114-141 によれば，次のように述べている．

> 「太陽の光線が暗い家の中へさし込む時，観察してみたまえ．多くの微細な物質が種々な工合に，〔謂わば〕空間〔の如き空中〕を，光線を浴びて，騒然としているのを見るであろう．あたかも永遠の闘争にでもあるかのように，一瞬の休止もなく，群をなして戦い，格闘し，せり合い，頻繁に出会ったり，別れたりして飛んでいるのが見えるであ

---

*1　引用にあたっては，以後も，旧漢字・かな遣いを新漢字・かな遣いに改めたところがあることをお断りしておく．

ろう．これによって，物の原子[*2]が宏大なる空間の中で，間断なく飛び廻っている様が想像できる．正にこのように，些細なことが大きな問題の例証を，知識への糸口を，与えて呉れることがあり得るのである．

太陽の光線を浴びて，混乱の状を見せているこれらの物質によく注意をとめて見ることは，次の理由がある故に，更に一層有意義となる．即ち，このような渾沌たる物質の運動が，実は原子にもまた，眼にこそ見えないが，隠れひそんでいるということを示しているからである．さし込む太陽の光線の中では，多くの物質が眼に見えない打撃を受けて運動を起し，進路を転じ，彼方此方とあらゆる方向に跳ね返されては，再び戻ったりしているところが見えるであろう．この不規則な運動は，疑いもなく，原子から起っているものである．即ち，先ず第一に，原子自身が動く．次に〔原子の〕小さな集合からなる謂わば原子の群に最も近い物質が，原子の眼に見えない打撃を受けて動く．この小さな物質自身は，次に又，やや大きな物質に運動を起させる．このようにして，此の運動は原子から起って，徐々に大きくなって行き，その結果，太陽の光線に当って我々に識別出来るあの物質が運動するようになり，我々の感覚にも判る程に現われて来るのであるが，如何なる打撃によって，これが起されるのかは，はっきり眼には見えない．」

ルクレティウスが活躍した時代は，日本では紀元前3世紀から紀元3世紀までの弥生時代の中期，すなわち紀元前1世紀頃で，吉野ヶ里では外環濠が盛んに掘られていたと思われる．その周囲は望楼で囲まれ，兵士が警戒していたと言われている．吉野ヶ里遺跡に想像で復元された望楼の写真を見ると，そこに寝泊まりしていた兵士たちはルクレティウスと同様に隙間から差し込む光線に照らし出された微粒子を眺めていただろう．このように，洋の東西を問わずにこの現象はどこでも見られる．また，20世紀の半ば頃まで，日本の田舎の家の雨戸は木製で，晴れた日の朝，雨戸の小さな隙間から暗い室に光の帯が差し込まれ，その中を小さな埃(ほこり)が激し

*2　ここで使われている「原子」という用語は，現在使われている意味とは違って，物質を根本的に考えるときに出発点となる物という程度の言葉と思われる．

く動き回っているのが見られた．少しでも朝寝坊したくて，親に呼び起こされるまで長く布団の中にいたい子供たちは訳の分からぬまま自然が演ずるドラマを楽しんでいた．電気掃除機などない時代の話である．

著名な科学者がルクレティウスの文章に強い興味をもっていたことはすでに述べたが，細菌学者パストゥール(Louis Pasteur)もその一人である．1864 年 4 月 9 日「ソルボンヌ夜間科学講演会」でルクレティウスの話と同じ光景について語っている[216]．彼はやや現代風に次のように述べている．

「空気の中にはいつも塵(ちり)が浮遊していることを御存じない方は，皆さん方の中には一人もありますまい．この塵というものは，だれでも顔なじみな家庭の大敵です．ところで，扉(とびら)や鎧戸(よろいど)のすき間を通って薄暗い部屋の中にさしこんで来る太陽の光線を見たことのない方は皆さん方におありでしょうか．ちょうど煙と同じように空気がささえることのできるほど体積が小さく目方が軽いこの塵という無数の小さい物体の気まぐれな運動をおもしろがって観察したことのない方が皆さん方の中におありでしょうか．この部屋の空気は，この小さい塵の粒で，この無数の小さい厄介者でいっぱいになっているのです．」(185–186 頁)

「この部屋の空気は塵の粒でいっぱいになっておりますが，どうしてわたしたちにはそれが見えないのでしょうか．しかも，塵の粒は照らされているのです．それがわたしたちに見えないわけは，次のとおりです．この部屋の中にある一番小さい物体といえども，なおかつ，塵の粒の一つ一つに比べれば，はるかに大きいのでありまして，わたしたちに莫大数(ばくだいすう)の光線を送ってまいります．塵の粒はあまりにも小さく，あまりにも体積が微小でありますために，一つ一つの粒がわたしたちの目に送って来る若干の光線は，いま述べた莫大数の光線の中に紛れて，なくなってしまいます．これがその理由です．日中には大空を仰いでも星が見えないのと同じ理由で，わたしたちには塵の粒が見えないのです．けれども，わたしたちの周囲に闇(やみ)を作り，すっかり暗くして，ただこの小さい塵の粒だけを照らすとすれば，夜になって星が見えるように，塵の粒も見えてまいります．」(186 頁)

これらパストゥールの文章とルクレティウスの文章を比較すれば，彼がルクレティウスの詩を読んでいたことは明らかであろう．

話は少し横道にそれるが，パストゥールは，室の中を浮遊する微粒子には細菌がついていて健康に有害な働きをすることに注目している．春先になると中国の奥地のゴビ砂漠で舞い上がった砂埃は偏西風に乗って朝鮮半島や西日本に飛来し，黄砂と呼ばれ，人々を困らせている．それのみならず，近年は北京を中心とする一帯の工業化や交通手段の自転車から自動車への転換が進み，パストゥールが言うように有害物質をもたらしている．また，2011 年 3 月 11 日の福島での原発事故の折には思いもよらない遠くまで埃に付着した放射性物質が飛散した．実は，このような微粒子は後の章で述べるように 1 μm ($=10^{-6}$ m) くらいの大きさである．最近はこのような微粒子の話は “PM2.5 の問題” と総称され，内容はともかく名前だけは広く知られるようになった．

ルクレティウスの話でどうして小さな埃が見えるかについては，パストゥールが述べている通りであるが，このことは，実験にたずさわる人には広く知られていることで，同様な話がいろいろなところで述べられている．たとえば，粘菌の研究者として知られている神谷宣郎の一般向きの本には，埃の話の他に，雨の日の次の話が述べられている[136, 153 頁]．

> 「小雨の降る日に自動車のヘッドライトを横から見ると光の当たるところだけに雨が見えますが，あれと同じ原理を顕微鏡に応用しますと(暗視野照明)，透過光では見えない細い繊維や小さな粒子の存在がわかるようになるのです．」

ルクレティウスが用いた原子の用語は，2000 年前の話であり，現在の意味での原子の概念が理解されていたわけではないので，訳者も述べているように，ここで原子と呼んでいるのは眼に見えない微粒子程度に理解するのがよいと思われる．このように，2, 3 の用語を入れ替えれば，現在ブラウン運動と呼ばれているものの理解と極めて近い．驚くべき観察力と分析力である．そのためにこの方面に興味をもつ多くの人に注目されている．たとえば，後年ブラウン運動に関する研究で 1926 年のノーベル物理学賞を受賞するペラン(Jean Baptiste Perrin)は，ノーベル賞受賞講演で，ブラウン運動の自然科学的考察と分析を最初に行った人としてルクレティウスの名前を挙げている[219]．このように，乱雑な動きをする運動は，滑らかな軌道を描く運動と同様に，我々の身近で見られる．こうしてブラウン運動と呼ばれている運動の研究の2000年にわたる歴史の扉はルクレティウスにより開けられた．

きっちり定義された用語ではなく，また他で使われているわけでもないが，これからルクレティウスが見たような，激しく振動している微粒子を便宜的に“ブラウン粒子”と呼ぶことにする．

補足 1.2.1 ルクレティウスの詩はラテン語で書かれている．ラテン語は，最近は必ずしもそうではないようだが，西ヨーロッパの国々では自然科学に興味をもつ人にはそれを学ぶ機会が提供されていたようである．

我が国では，現在は大学でも文学部ですらそれを学ぶ機会は非常に少ないようである．しかし，明治の頃は事情が違っていたと思われる．たとえば，ラフカディオ・ハーン(Patrick Lafcadio Hearn, 小泉八雲)は，明治24年から27年まで(旧制)第五高等学校(当時は第五高等中学と呼ばれていた)で英語やラテン語の教育を行っていた．ラテン語を英語に直す，彼の手書きの試験問題が熊本大学内にある第五高等学校記念館に残されている[91]．しかし，一般にはラテン語を学ぶ機会は日本では多くはなかったと思われる．それにもかかわらずルクレティウスのラテン語版は，たとえば大阪大学の中央図書館では見ることができる．このことは早くから，この本が注目されていた証と思われる．

1.3 顕微鏡で見る偶然——レーベンフックの登場

これまで述べたルクレティウスの観察から20世紀のブラウン運動の話にたどり着くまでの長い道程の第一歩は，当時有数の先進国であったオランダのメガネ職人のヤンセン親子により発見された顕微鏡を用いて踏み出された．彼らは，1590年頃凸レンズを2枚重ねて使うと1枚のときより拡大して見えることを見つけた[282]．

なお，話は横道にそれるが，天体観測を通じ自然科学の発展に決定的な貢献をした望遠鏡もオランダで始まる．オランダのメガネ店のリッペルハイ(Hans Lipperhey)は，1608年にメガネの凸レンズと凹レンズを筒にはめると遠くが大きく見えることに気がついた．これが望遠鏡の始まりである[282]．

1632 年にオランダのデルフトで生まれたレーベンフック(Antonie van Leeuwenhoek)は，16 歳のときアムステルダムに行き商店に勤め呉服商の資格を得て，デルフトに帰り呉服商を始めた[45]．彼は誕生間もない顕微鏡で不純物の混ざった水を観察して，その中を動き回っている小さなものを見せて来客を喜ばせていたと言われる．自ら顕微鏡を改良して作製し，種々の観測を続けていた．それだけにとどまらず，1673 年創立間もないロンドン王立協会の Philosophical Transaction 誌に顕微鏡による観測結果について報告を提出していた[45]．1674 年に提出した 6 番目の報告で，淡水の中で見つかる動きまわるものを大変小さな動物(very little animalcule)と呼んで次のように述べている．

> 「これらの小動物の水の中での動きは素早いものでした．上に行ったり，下に行ったり，ぐるぐる回ったり大変変化に富んでいるので素晴らしい眺めです．この小さな生き物はこれまでに私がチーズの皮，小麦粉で見たダニや，カビなどよりも 1,000 分の 1 も小さいものでした．」[45, 120 頁]

彼はこのような動きをしているものを生き物と思っていたようで，この小粒子は，その後彼だけでなく，一般に “active animal” とか “活発な molecule” とか呼ばれるようになった．彼が述べている運動は，1600 年前にルクレティウスが見つけたものと同じ動きで，その説明はルクレティウスのものと驚くほど似ているが，そのことについては，彼自身は気がついていなかったと思われる．それのみならず一般にも知られていなかった．これらの事情が明らかになるためにはもう少し年月が必要で第 3 章で述べるブラウン運動の登場を待たねばならない．

このようにして，微粒子の研究は，自然の中に本来埋めこめられた，ありのままの機構による「観察」から，人智を生かした顕微鏡を用いる「観測」へと，現代の話につながる一歩を進めた．

それのみならず彼の王立協会への 18 番目の報告は，バクテリアについて書かれた最初の説明と言われ，今日彼は細菌学の創始者と言われている．

しかしながら，レーベンフックは1660年にデルフトの役人になり，生涯この地位についていた．彼の観測や報告はあくまでアマチュアとして余暇になされたものである．これらのことや彼の手紙のことについてはドーベルの著書に詳しくまとめられている[45]．彼は，顕微鏡を改良し，それを用いて独創的な観測が行えるのびやかな時代を生きていた．

なお，レーベンフックの顕微鏡は，彼の生前の指示に従って，彼の死後王立協会に贈られた．

1.4　偶然を楽しむ遊び――サイコロの話

これまで，餅屋の売上高から室内をはげしく動き回る埃の話へと進み，さらに水中を素早く上下や左右に行き来する微粒子の話に進んできた．いずれも結果が事前に予測できないことについての話であるが，我々にもっと親しみのある偶然は賭け事である．

話はルクレティウスよりさらに前の時代に遡る．遠い昔から，人びとは賭けにまつわる遊びを楽しんでいた．このことは古代ギリシャやエジプトの遺跡で知ることができる．デイビッド(Florence Nightingale David)の本には，紀元前1800年頃のエジプトの遺跡の墓の壁画にあるゲームの様子が紹介されている[41]．賭ける前に，結果を知ることができない．このことが，賭けの特性である．この特徴を保証する道具として，古くは動物の骨で作られたアストラギ(astragalus)が使われていた．これが今日の“サイコロ”の原型である．このことはいろいろなところで紹介されているので，図1.1にその一例を紹介するに止める[40, 41]．

図 1.1　アストラギ．サイコロの原型とされる[40]．

今日では，洋の東西を問わず，賭けの遊びには正六面体の各面のそれぞれに1から6までの数字の1つを付したサイコロや種々の硬貨が使われていることは周知の通りである．日本の正月には，ゲーム機などない半世紀くらい前までは子供たちはサイコロを振りながら双六遊びに興じていた．ときには，家族みんなで楽しんでいた．このように，事前に結果を知ることができない偶然は誰にとっても身近なものである．

第2章 偶然を語る数学の始まり

2.1 配分問題——パスカルとフェルマーの往復書簡

これまで，いくつかの例について偶然の現れ方を述べてきたが，朝永の言葉に従えば，これらはどんな数学の言葉で書かれているかをたどっていくのがこれからの目標である．電磁気学，統計力学など19世紀における物理学の発展に鍵となる貢献をしたマクスウェル(James Clerk Maxwell)はエディンバラ大学からケンブリッジ大学へ進んだ．彼についての伝記によれば，早くも10代のマクスウェル少年は，第1章で論じた偶然性は1つの数学の枠組みに取り込まれることを指摘している[27, 97頁]．この考えは，彼の気体分子運動論などに活かされている[27, 114–115頁]．しかし，彼のこのような考えの数学が完全な形で実現するためには20世紀を待たねばならなかった．

彼はスコットランドのエディンバラの裕福な領主の息子として生まれ，幼少のときは田舎の領地で，10歳のときからはエディンバラの叔母のところで過ごした．彼の父親は弁護士であったが科学が好きで，エディンバラ王立協会の定例会議に聴衆の一人として出席していた．そのときマクスウェル少年も一緒であった．このような雰囲気の中で研究に興味をもったと言われている[305]．なお，現在もエディンバラ大学数学教室の研究室は，マクスウェル・ビルディングの中にある．

偶然のどの側面に注目するかによって，いくつかの数学の考え方がある．その中で，先に述べたマクスウェルの考えにも通じるものとして，通常確率論と呼ばれているものが用いられる．第1章で述べた話を数学の言葉で言い換えることから始める．その時期は17世紀でまず1.4節の話題からとりかかり，続いて1.1節で述べた話題へと進む．

人びとの賭けへの興味は時代を超えて失われるどころか，時とともに盛んになっていく．この流れは近代科学の発展期にも続き，多くの人びとがこのことに取り組んでいる．たとえば，3次方程式の解法で知られるカルダーノ(Girolamo Cardano)もその一人である[275, 305]．この流れに一層の発展の転機をもたらしたのは，17世紀に活躍したパスカル(Blaise Pascal)とフェルマー(Pierre de Fermat)である．職業的な賭博者といえるくらいギャンブル好きの貴族ド・メレ(Chevalier de Méré)は知り合いのパスカルに次のように尋ねた．

「AとBの二人がa円ずつ出してゲームを始めた．二人の技能は同じくらいと考えられるとして，早く3回勝ったほうが全部の賭け金$2a$円を受け取れるとする．ところが都合で，Aが2回勝ち，Bが1回勝ったときに賭けを中止せざるを得なくなった．そのとき賭け金$2a$円をどのように分配したら公平であるか？」

これは，1494年のパチョーリ(Fra Luca Bartolomeo de Pacioli)の著書に出てくる「配分の問題」(または「得点の問題」と呼ばれる)の簡単で具体的な例の一つである[213]．この種の問題はパチョーリより前から知られていたと思われているが，いつ頃からの話であるかは確かではない[213]．まず勝ち負けは硬貨投げやサイコロ投げを用いて決める．硬貨投げの場合は，表が出たらAが勝ちでBが負けとする．逆に，裏が出たらBが勝ちとしAの負けとする．もちろん，ここでAとBの立場を入れ替えてもよい．サイコロならば，1の目，2の目あるいは3の目が出たらAの勝ちとし，残りの目が出たらBの勝ちとする．この問題についてパスカルは次のように考えた．

もし仮に賭けを続けることができれば，その次の回にAが勝てばAは合計3回勝つことになる．したがって，すべての賭け金$2a$円をもらえる．このときAが負ければ，AもBも2回勝つことになる．AとBは同等の立場になる．そのときはそれぞれa円もらえる立場になる．したがって，Aが出した a 円はAに戻り，Bが出した a 円はAかBの勝った者のものになるので等分すればよい．このように考えると，Aの取り分は $a+\frac{a}{2}=\frac{3}{2}a$，Bの取り分は $\frac{a}{2}$ 円とすればよい．すなわち，$2a$ 円を分けて，Aが $\frac{3}{4}\times 2a$ 円，Bが $\frac{1}{4}\times 2a$ 円を受け取るのが合理的というのがパスカルの結論である．

パスカルは自身の考えを高名なフェルマーに伝え意見を乞うた．聞かれたフェルマーは次のように考えれば，同じ結論になることをパスカルに伝えている．

あと2回賭けを続ければ決着が完全につく．しかもその結果は，AまたはBが勝つことをそれぞれ同じ記号で表せば，AA，AB，BA，BB となる．これらの中でどれが起きるかは，始めからの3回までに起きた結果に無関係で，どれもが同じ割合で起きる．ここでAが早く3回勝つのは最初の3つの場合である．したがって合理的な賭け金の分配方法は

$$\text{A に } \frac{3}{4}\times 2a \text{ 円，B に } \frac{1}{4}\times 2a \text{ 円}$$

と分ける仕方である[82]．二人は1654年中に文通でこの問題の基本的な考えに到達した．この文通の話はフェルマー全集に収められているが，デブリンの本[43]に詳しく紹介されている．その他，確率論についての最初の教科書と言われる，二人と同時代のホイヘンス(Christiaan Huygens)の本でも見ることができる[96]．

このように，フェルマーとパスカルが問題の解決のために度重なる書簡を交わす必要があったのは，当時硬貨投げのように予測できない結果を考察するために必要な概念がなかったためであろう．彼らはこの問題の考察に“不確からしさ”と呼ばれる量を考え，その量を用いた体系として話を進めた．この“不確からしさ”こそ今日の“確率”の概念の始まりである．このため通常，パスカルとフェルマーのこれらの考察が確率論の始まりで，二人がその創始者と呼ばれる．

数学ではその抽象性のために，すでに数学の枠組みに取り入れられた構造から出発して新たに多くの重要な体系が生まれる．一方，現実世界の構造から直接抽象化して生まれる場合がある[119]．パスカルやフェルマーの時代には後者の場合に相当することが数多く見られ，新たに概念を生む

には苦しみが多かった時代である．確率論の誕生はその典型的な例であろう．

なお，この問題の解決のために用いられた考えは現在も広く通じる．そのことを述べるために，最初に次の図2.1を考える．

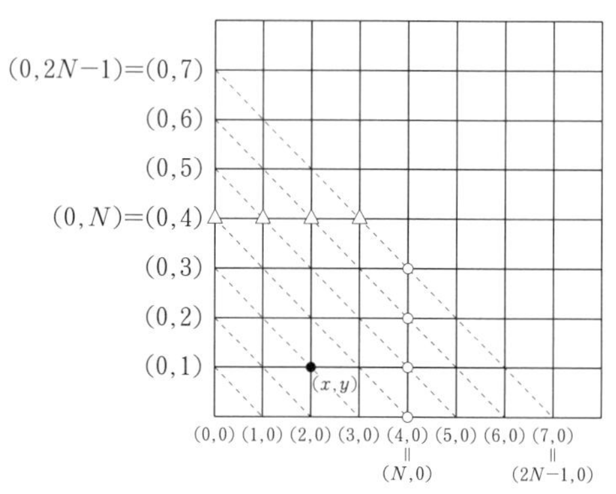

図 **2.1**　配分問題と硬貨投げ．

N 回勝てば勝負が決する配分問題を考える．

$$
\begin{aligned}
D &= \{(x,y); x,y{=}0,1,...,2N{-}1\},\\
D^* &= \{(x,y); x,y{=}0,1,...,N\}\backslash\{(N,N)\},\\
\partial D_1^* &= \{(N,y); y{=}0,1,...,N{-}1\},\\
\partial D_2^* &= \{(x,N); x{=}0,1,...,N{-}1\}
\end{aligned}
$$

とおく．勝ち負けの経過は，各格子点では硬貨投げで表，裏が出ることに応じて右隣か真上に1歩だけ動く D^* 上の折れ線で表される．ただし，それらの折れ線は ∂D_1^* か ∂D_2^* に到達したら，その位置に止まっているとする．原点 $(0,0)\in D^*$ から出発し，先に述べた性質をもった折れ線の集まりを W で表す．その中で，とくに $(x,y)\in D^*$ を通るものを $W(x,y)$ で表す．W または $W(x,y)$ の各要素には，それが通る格子点でその折れ線がどちらに動くかを決める硬貨投げが対応している．このことから，各折れ線は，その動きを決める硬貨投げのもつ“偶然性の割合”，すなわち確率を背負っていると考えられる．このように，その動き方が硬貨投げに応じて決まる折れ線を一般には“乱歩”あるいは“酔歩”(random walk)と呼ぶ．今の場合は，D^* 上でかつ右隣か真上のみ動く，退化した2次元酔歩である．W を，退化した2次元酔歩の軌跡が $(N, N-1), (N-1, N)$ を通る斜線に到達するまで広げて考え，それを W^* とする．W の代わりに W^* をとれば，これまでの話は，W^* の元が ∂D_1^* または ∂D_2^* に初めて到達するまで考えた話に言い換えることができる[103, 2.9節]．硬貨投げを繰り返し続けるとき，過去に表，裏がどのように現れたかは，将来の表，裏の現れ方に無関係であるので，$(x,y)\in D^*$ を通った折れ線が $(\xi,\eta)\in\partial D_1^*\cup\partial D_2^*$ に到達する確率を $h((x,y);(\xi,\eta))$ とすれば

$$h((x,y);(N,\eta)) = \begin{cases} 0, & \eta < y, \\ {}_{N-x-1+\eta-y}C_{\eta-y}\left(\dfrac{1}{2}\right)^{N-x+\eta-y}, & y \leqq \eta < N, \end{cases}$$

$$h((x,y);(\xi,N)) = \begin{cases} 0, & \xi < x, \\ {}_{\xi-x+N-y-1}C_{\xi-x}\left(\dfrac{1}{2}\right)^{\xi-x+N-y}, & x \leqq \xi < N \end{cases}$$

となる．ここで，${}_nC_k$ の記号は n 個の中から k 個を取り出す方法の数を表す．このことは硬貨投げの場合の組合せの確率を計算すれば容易に分かる．いま，f を $0\leqq f\leqq 1$ をみたす $\partial D_1^*\cup\partial D_2^*$ 上の関数とするとき，

$$u((x,y)) = \sum_{(\xi,\eta)\in\partial D_1^*\cup\partial D_2^*} f((\xi,\eta))h((x,y);(\xi,\eta))$$

とおけば，u は差分方程式

$$(Lu)(x,y) = 0, \quad (x,y)\in D^*\backslash\partial D_1^*\cup\partial D_2^* \tag{2.1}$$

をみたすことが容易に分かる．ただし，L は退化した2階差分作用素

$$Lg(x,y) = \frac{1}{2}(g(x+1,y)+g(x,y+1))-g(x,y)$$

である．このような u は，加えて，境界条件 $u(\xi,\eta)=f(\xi,\eta)$，$(\xi,\eta)\in\partial D_1^*\cup\partial D_2^*$，をみたすならばただ一つ決まる．しかも，$(\xi,\eta)$ に到達したときに賭けを中止した場合，A に配分すべき比率は境界条件 f が

$$f((\xi,\eta)) = \begin{cases} 1, & (\xi,\eta) \in \partial D_1^*, \\ 0, & (\xi,\eta) \in \partial D_2^* \end{cases}$$

に対応する解で決まる.

これまでの話を総合すると，配分問題は先に考えた方程式で解決される．一方，それは前に述べた D^* 上の 2 次元格子上の退化した乱歩の性質を解明することと同等である.

なお，図 2.1 を用いる配分問題の考察の中から，上に考えた W^* の要素の話になる酔歩に関係して高等学校の数学の教科書にも述べられている "パスカルの三角形" の考えも生まれた(図 2.2).

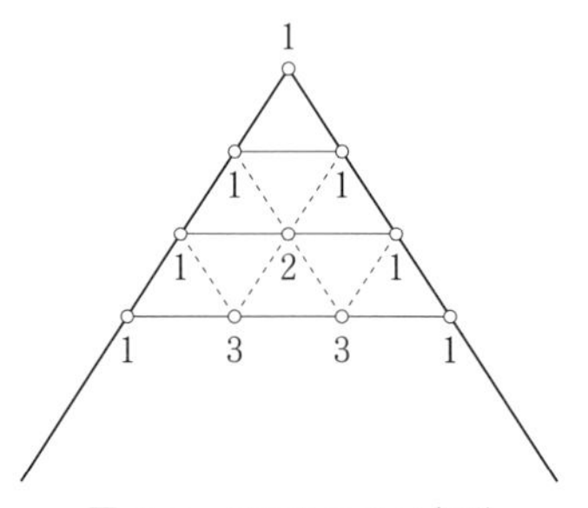

図 2.2　パスカルの三角形.

このように，一つのものを二つの立場から見ることは近年広く用いられるようになっている．このことについて，1.2 節に述べたブラウン粒子の運動の観測に決定的な貢献をしたペランは，1926 年のノーベル賞受賞講演で次のように述べている[219, 104 頁].

「このことから，平衡状態にあるといわれる液体の本質的な性質を知ることができます．液体が静止して見えるのは，私たちの感覚の不完全さによる幻覚であり，私たちが平衡状態とよぶものは，まったく不規則な揺動の永久に続く明確な系であります．これはどんな仮説も入り込む余地のない実験事実なのです.」

ここでいう平衡状態は，解析学でラプラス作用素，熱方程式などを用いて解明されている．このように，一つの本質を方程式を用いて解明することと，偶然性をもつ運動の立場で解明する考え方を組で話を進める方法は確率論に興味のある人たちにはなじみの深いものだが，近年次第に数学の多くのところに広がっている．たとえば，マンフォード(David Mumford)は，この重要性を具体例を取り上げながら指摘している[202]．彼の記事の表題は“確率時代の夜明け”で示唆に富む形で偶然性にかかわることが語られている．

2.2 ベルヌーイの大数の法則とド・モアブルの中心極限定理

パスカルやフェルマーの確率の話は，起こり得る事象が有限個の場合のみに考えられている．しかもその個数は固定されている．これに対して，先に述べた餅屋の話で，売上高は日々異なるが，長い経験からだいたいの量が予測できるかどうかは誰しも思い浮かべることである．有名なベルヌーイ一族の一人ヤコブ・ベルヌーイは，有限ではあるが，その大きさを次第に大きくしていったらどんな法則が現れるかに興味をもった．たとえば，硬貨を振り続けたとき表はどのくらいの割合で現れるかを試行の結果から知ることができるかという多くの人が自然に抱く疑問に答えるのが，ベルヌーイの考察の始まりである．偶然を伴う現象で試行回数が増大していくときに現れる“ゆらぎのある現象”の裏に潜む法則を見つける流れの芽が見えてくる．現在確率論で極限定理と呼ばれている話の始まりである．実は当時，ニュートンやライプニッツによる微積分の理論の展開が始まり，数学や物理学の大転換が動き出していた．ベルヌーイの考察は，この流れを偶然現象の解明に持ち込むものであった．

いま $\{1,0\}$ の値をとる数列 X_k，$k=1,2,...,n$，を次のように決める．硬貨投げで k 回目に表が出たときは X_k の値は 1，裏が出たときは 0 とする．またサイコロ投げで k 回目に 1 の目が出るとき X_k の値は 1 とし，他の目が出たら 0 とおく．

この方法によると，硬貨投げで k 回目に表が出る事象やサイコロ投げで k 回目に 1 の目が出る事象は $\{X_k=1\}$ で表される．この事象が起こる可能性の割合，すなわち確率を $P(X_k=1)$ と書く．通常のように，硬貨投げやサイコロ投げの k 回目の結果はそれ以前の結果にもそれ以後の結果にも関係しないことをこれからの話の前提とする．すなわち，次の「条件」が常に成立していることを前提にして話を進める．

$k_1, k_2, ..., k_n$ は0または1の値をとる数列とする．

[**条件 1**] $P(X_1{=}k_1, X_2{=}k_2, ..., X_n{=}k_n){=}\prod_{j=1}^{n} P(X_j{=}k_j)$.

さらに，この仮定の他に，硬貨投げで表(または裏)が出る確率はいつも変わらないとする．すなわち次のことを仮定する．

$$P(X_k{=}1) = p_k, \quad k = 1, 2, ..., n$$

は k に関係しない：

[**条件 2**] $0{<}p{<}1$ が存在して，$p_k{=}p$, $k{=}1, 2, ..., n$, となる．
これらを前提としてこれからの話を進める．

上の条件は，通常の硬貨投げやサイコロ投げでは成立していると考えている．なお，これらの条件をみたす $X_1, X_2, ..., X_n$ は独立同分布の確率変数列と呼ばれているものの特別な場合である[60]．これに対して，ベルヌーイは次のようなことを示した[60]．

「ベルヌーイの大数の法則：n が次第に大きくなるとき，系列 X_1, $X_2, ..., X_n$ の算術平均 $\overline{X}_{(n)}{=}\big(\sum_{k=1}^{n} X_k\big)/n$ の値は次第に p のまわりに集まる．もう少し数学らしい言い方をすれば，任意に小さい $\varepsilon{>}0$ をとっても，$n{\to}\infty$ のとき $P(|\overline{X}_{(n)}{-}p|{<}\varepsilon){\to}1$ が成り立つ．」

この主張が今日独立同分布の確率変数列に対する大数の弱法則，または単に大数の法則と呼ばれている話の始まりである．現在は $\overline{X}_{(n)}$ についてはもっと強い内容の主張が知られている．この話に触れるためには，20世紀に始まる数学の話が必要になるので，ここではそのことには立ち入らない．

次の節の話に関係するので，ベルヌーイの大数の法則がどのように示されるかについて簡単に説明する．$X_1, X_2, ..., X_n$ の中で1になる回数は $S_n{=}X_1{+}X_2{+}\cdots{+}X_n$ で表される．したがって，ちょうど k 回表が現れる確率は，$P(S_n{=}k){=}{}_nC_k p^k(1{-}p)^{n-k}$, $k{=}0, 1, 2, ..., n$, となる[12, 103]．この式の右辺は2項分布の重みと呼ばれる．通常，記号としてこれを表すために，$b(k; n, p)$, $k{=}0, 1, 2, ..., n$, が用いられる．話を前に進めるために，いくつかの記号を準備する．変数が n 個の関数 $f(x_1, x_2, ..., x_n)$ を

考える．このとき，

$$E[f(X_1,X_2,...,X_n)] \\ = \sum_{\varepsilon_1,\varepsilon_2,...,\varepsilon_n=0 \text{ または } 1} f(\varepsilon_1,\varepsilon_2,...,\varepsilon_n)P(X_1{=}\varepsilon_1,X_2{=}\varepsilon_2,...,X_n{=}\varepsilon_n)$$

とおき，$f(X_1,X_2,...,X_n)$ の平均と呼ぶ．$\overline{X}_{(n)}$ の平均は，この f が

$$f(x_1,x_2,...,x_n) = \frac{x_1+x_2+\cdots+x_n}{n}$$

によって与えられるときで，$E[\overline{X}_{(n)}]=p$ となる．また，$E[(\overline{X}_{(n)}-E[\overline{X}_{(n)}])^2]$ $\left(=E[(\overline{X}_{(n)}-p)^2]\right)$ を算術平均 $\overline{X}_{(n)}$ の分散と呼ぶ．この値も容易に求めることができる．実際，

$$\begin{aligned} E[(\overline{X}_{(n)}-p)^2] &= E\left[\left(\frac{1}{n}\sum_{j=1}^{n}X_j-p\right)^2\right] = E\left[\left(\frac{1}{n}\sum_{j=1}^{n}(X_j-p)\right)^2\right] \\ &= \frac{1}{n^2}\sum_{k=1}^{n}\sum_{j=1}^{n}E[(X_k-p)(X_j-p)] \\ &= \frac{1}{n^2}\sum_{j=1}^{n}E[(X_j-p)^2] = \frac{p(1-p)}{n} \end{aligned}$$

である．また，

$$E[(\overline{X}_{(n)}-p)^2] \\ = \sum_{\varepsilon_1,...,\varepsilon_n}\left(\frac{1}{n}\sum_{k=1}^{n}\varepsilon_k-p\right)^2 P(X_1{=}\varepsilon_1,X_2{=}\varepsilon_2,...,X_n{=}\varepsilon_n)$$

と表し，ここで和の中で値が正のものの一部を取り除けば，任意の正数 $c>0$ に対し，次の不等式が得られる：

$$\begin{aligned} &E[(\overline{X}_{(n)}-p)^2] \\ &\geqq \sum_{|n^{-1}\sum_{k=1}^{n}\varepsilon_k-p|\geqq c}\left(\frac{1}{n}\sum_{k=1}^{n}\varepsilon_k-p\right)^2 P(X_1{=}\varepsilon_1,X_2{=}\varepsilon_2,...,X_n{=}\varepsilon_n) \\ &\geqq c^2 \sum_{|n^{-1}\sum_{k=1}^{n}\varepsilon_k-p|\geqq c} P(X_1{=}\varepsilon_1,X_2{=}\varepsilon_2,...,X_n{=}\varepsilon_n) \end{aligned}$$

$$= c^2 P(|\overline{X}_{(n)} - p| \geqq c).$$

これらから，任意の $c>0$ に対し

$$P(|\overline{X}_{(n)} - p| \geqq c) \leqq \frac{1}{c^2} \frac{p(1-p)}{n}$$

が成り立つことが分かる．

ここに述べたことは，偶然的な変動のある資料について，平均と分散が有限な値として決まること以外は用いていない．したがって，お互いに無関係な散らばり方をする資料について，これと類似の不等式が成り立つことが知られていて，確率論ではチェビシェフ(Pafnutiĭ Lvovich Chebyshev)の不等式と呼ばれている．ときにはビアンネメ(Irénée-Jules Bienaymé) の不等式と呼ばれる．この不等式を用いれば容易にベルヌーイの大数の法則は示される．

ロシアの数学ほか基礎科学研究の近代化の動機を与えたのはピョートル大帝で，恵まれた研究条件で招かれた外国人科学者たちはその発展を助けた．それらの中の一人がオイラー(Leonhard Euler)である．彼らの多くは，たとえばオイラーは，ロシアに永住した．現在，多くのオイラーの子孫がサンクトペテルブルクに住んでいると言われている．チェビシェフは，この環境の中でサンクトペテルブルクで盛んになった確率論研究の中心にいた人である[127]．彼はオイラー全集の編集を行っている．

なお，硬貨投げで表が出ることや，サイコロ投げである特定の目が出ることを考える場合は p は事前に分かっていると考えることができる．しかし一般には事前に分からず，観測値の算術平均 $\overline{X}_{(n)}$ を用いて話を進めることが多い．このことの妥当性を示すものとして前に述べたベルヌーイの大数の法則が用いられる．

前に述べた餅屋の話では，最近とは違って人の移動は少ない時代のことを考えている．したがって，餅屋は一定の決まった固定客を相手にしている．しかも店は長く続いているので，店の主人は同じ条件の日を何回も経験している．これらの話を総合すると，ベルヌーイの大数の法則が使える状況にあると考えられる．

観測値の算術平均 $\overline{X}_{(n)}$ が，観測の個数を増やせば平均 p のまわりに集まることだけでなく，集まり具合に興味を示したのが，ベルヌーイに少し遅れて活躍したド・モアブル(Abraham de Moivre)である．彼はフランス生まれであるが，プロテスタントであったので，カソリックを避けてロンドンに渡った．彼にとって日常の研究環境は必ずしも良くなかったが，研究を熱心に続けた．当時，ニュートンとも交わりがあったと言われている[275]．彼は，1738 年の著書の第 2 版で $p=\dfrac{1}{2}$ のときに n が大きくなったときの 2 項分布の重みの変化の様子を調べている．ここで，$n\to\infty$ のときその階乗 $n!\,(=1\times2\times\cdots\times n)$ がどれくらい大きくなるかを調べることが鍵となる．その大きさはおおよそ

$$\sqrt{2\pi}n^{n+\frac{1}{2}}e^{-n}$$

と同じくらいである[103]．このことは現在も解析学で広く用いられていて，ド・モアブルよりも少し後に生まれたスターリング(James Stirling)の名をとりスターリングの公式と呼ばれている．

少し形式的に，現代風に言えば，$\delta(k;n)=(k-np)/\sqrt{npq}$ とおけば，$n\to\infty$ と $\delta(k;n)^6/n\to0$ の 2 つの条件がみたされるとき(したがって k も大きくなる)，$b(k;n,p)$ はほぼ

$$\frac{1}{\sqrt{2\pi npq}}\exp\Big[-\frac{\delta(k;n)^2}{2npq}\Big]=g(npq,0,\delta(k;n))$$

となる．ここで，

$$g(t,x,y)=\frac{1}{\sqrt{2\pi t}}\exp\Big[-\frac{(x-y)^2}{2t}\Big],\quad t>0,\ x,y\in\mathbf{R}$$

である[60]．

この関数 $g(t,x,y)$，$t>0$，$x,y\in\mathbf{R}$，は解析学では基本的な働きをする典型として知られている熱伝導の方程式(熱方程式)

$$\frac{\partial u}{\partial t}=\frac{1}{2}\frac{\partial^2 u}{\partial x^2}$$

の基本解と呼ばれる．少し詳しく言えば，ある有界区間の外で 0 になる任意の連続関数 f に対して

$$u(t,x)=\int_{\mathbf{R}}f(y)g(t,x,y)dy$$

とおけば，$u(t,x)$ は $\lim_{t\downarrow 0} u(t,x)=f(x)$ をみたす熱方程式の解になる．また数理統計学や確率論では通常，平均 y で分散 t の正規分布(normal distribution)の密度関数と呼ばれている．ガウス分布とも呼ばれる．ここではそれに従う．ガウス(Carl Friedrich Gauss)の名前が出てくるのは，実務家でもあった彼が，測量にあたり膨大な観測値の散らばり具合を図に描いたとき，この曲線になることを指摘して話を進めたことによる[10]．また 3 次元空間 $\mathbf{R}^3$ の類似的な関数はマクスウェルの理論でも用いられ，したがって彼の名前にちなんで呼ばれることもある．

このようにして，事象の起こり方は種々雑多であるが，解析学で生まれて間もない極限の考え方が偶然事象の解明に持ち込まれ，熱方程式の持つ対称性が偶然現象の中に潜んでいることが示されている．現在の解析学の核心に通じる芽がすでにド・モアブルの成果の中に見られる．

ラプラス(Pierre Simon Laplace)の 1812 年の著書で様相は一新される[165]．彼は正整数の全体 $\mathbf{Z}_+$ の上に定義された $p_k, k\in\mathbf{Z}_+$ で，$0\leqq p_k\leqq 1$ かつ $\sum_{k\in\mathbf{Z}_+} p_k\leqq 1$ をみたすものに対し，母関数と呼ばれる

$$Q(\lambda) = \sum_{k\in\mathbf{Z}_+} \lambda^k p_k, \quad 0 \leqq \lambda \leqq 1$$

を導入して，数列 $\{p_k\}$ に関連する性質を解明した．彼はそれまでに進められてきた確率の話を体系的に進め，面目を一新した．それ以後，偶然事象を取り扱う数学の話は彼の 1812 年の本を出発点として進められる．ド・モアブルが考えたことも，この枠組みに取り込まれて，今日ではド・モアブル–ラプラスの定理と呼ばれている．

このラプラスの成果を基盤として，その後ラプラスが考えた範囲を越えて，多様な対象に対して類似な成果が成り立つことが示された．したがって，ベルヌーイとド・モアブルの成果は 19 世紀から 20 世紀前半で確立されていく，極限定理と呼ばれる体系の出発点である．1920 年の論文でポリヤ(George Pólya)は，ド・モアブルに始まるこの方向の研究は確率論の中心的課題であるので，一連の研究の総称として“中心極限定理”の名前を使うことを提唱した[226]．それ以後この呼称が広く用いられている．この発展が第 1 章に述べたようないろいろな形で現れる偶然に潜むつながりを鮮明にする役割を果たしている．

中心極限定理については，確率論の多くの入門書で，硬貨投げを用いるシミュレーションが紹介されている．図 2.3 は拙著[103, 1.6 節，21 頁]の図 1-6 (a)の再録である．この例では硬貨投げの試行回数が 10，100，1000 と増えるときの様子も分かる．

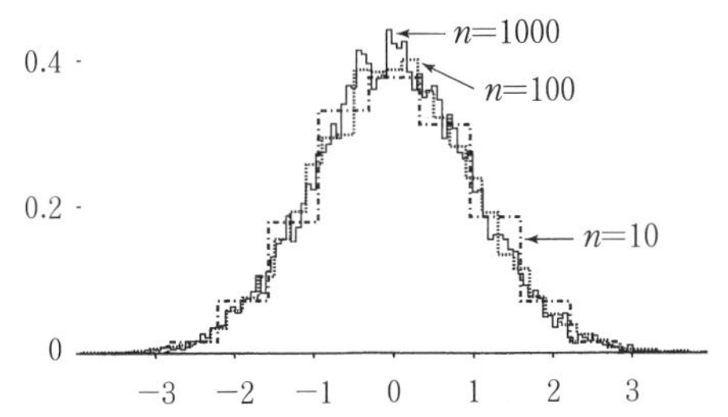

図 2.3 中心極限定理[103]．公平な酔歩 S_n の確率分布(粗い破線(-·-·-)が $n=10$，細かい破線(……)が $n=100$，実線(——)が $n=1000$ の場合のグラフを表す)．

次に第 1 章で述べた微粒子の運動を考える．簡単のため軌跡の座標の第 1 成分だけに注目する．まず観測時刻 $t>0$ を任意に 1 つ固定する．閉区間 $[0,t]$ を n 等分する．t における観測値は各小区間の変化の和で表される．しかも異なる小区間での微粒子の位置の変化の散らばり方は互いに無関係である．このことは，微粒子の運動の考察で，この節で述べた考え方が有効に働くことを示している．大胆な言い方をすれば，微粒子の運動の軌跡の偶然的な動きの考察はベルヌーイやド・モアブルの時代までさかのぼる．

2.3 ベルンシュタインの多項式とベルヌーイの大数の法則

連続関数と言えば，多項式，三角関数，指数関数などを思い出すのが普通である．ところが，そんな具体的な形を示さないで，単に関数という話ができるようになったことは，数学の内容に大きな機会をもたらした．さらにワイエルシュトラス(Karl Theodor Wilhelm Weierstrass)はどこでも微分できない関数を作ってみせた．このことが 1.2，1.3 節で述べたような偶然的な要素を伴う運動で大きな働きをすることは，第 4 章以後で述べる．それと逆に，関数の変数が閉区間を動くときはどんな連続関数を考えても，その近くに多項式があることも彼は示している．ところがこのことも偶然についての前節のベルヌーイの大数の法則が密接につながっている．

本節では話を閉区間 $[0,1]$ 上で定義された連続関数に限る．そのような関数全体を $C([0,1])$ で表す．$C([0,1])$ の 2 つの要素 f_1 と f_2 の近さを表すために $\rho(f_1,f_2)=\max_{x\in[0,1]}|f_1(x)-f_2(x)|$ とおけば，次の 3 つの条件がみたされる．(i) $\rho(f,f)=0$, $f\in C([0,1])$．逆に，$\rho(f,g)=0$, $f,g\in C([0,1])$ ならば $f=g$．(ii) $\rho(f,g)=\rho(g,f)$, $f,g\in C([0,1])$．(iii) 任意の $f_1,f_2,f_3\in C([0,1])$ に対して，$\rho(f_1,f_3)\leqq\rho(f_1,f_2)+\rho(f_2,f_3)$ が成り立つ．この 3 つの性質 (i)，(ii)，(iii) は，ユークリッド空間の距離がみたしているものなので，ρ を $C([0,1])$ 上の距離という．

現在いろいろな著書があるが，40 年くらい前までは日本の大学では数学専攻の学生だけでなく，理工系の学生で数学の体系的な学習に興味のある人たちにとっては高木貞治『解析概論』が数少ない標準的な参考書として用いられていた[262]．少し長くなるが，確率論の考えが，その話と一見関係ないと思えることに使われていることを示すために，まず関係部分をそのまま見てみよう[262, 284-286 頁]．

「78. Weierstrass の定理

連続函数に関する次の定理は重要である．

定理 67. 閉区間 $[a,b]$ において $f(x)$ は連続とする．然らば任意に $\varepsilon>0$ を取るとき，$[a,b]$ において常に

$$|f(x)-P(x)|<\varepsilon$$

なる多項式 $P(x)$ が存在する．[Weierstrass]」

高木の本には，他の本にもあるこの結果の標準的な証明の他に次に引用する別の証明が述べられている．この引用文は【 】の形で注意を書き込んだ以外は順序までこめて原文のままである．

「ここで $y=1-x$ として　【$b(\nu;n,x)$ 2 項分布の重み】

$$\varphi_\nu(x)=\binom{n}{\nu}x^\nu(1-x)^{n-\nu}\quad(\nu=0,1,\ldots,n)\tag{1}$$

と置けば

$$\sum_{\nu=0}^{n} \varphi_\nu(x) = 1, \tag{2}$$

$$\sum_{\nu=0}^{n} \nu\varphi_\nu(x) = nx, \tag{3}$$

$$\sum_{\nu=0}^{n} \nu(\nu-1)\varphi_\nu(x) = n(n-1)x^2. \tag{4}$$

これらから

$$\begin{aligned}\sum_{\nu=0}^{n}(\nu-nx)^2\varphi_\nu(x) &= n^2x^2\sum\varphi_\nu(x)-2nx\sum\nu\varphi_\nu(x)+\sum\nu^2\varphi_\nu(x)\\ &= n^2x^2\cdot 1-2nx\cdot nx+(nx+n(n-1)x^2)\\ &= nx(1-x).\end{aligned} \tag{5}$$

次の証明で，これを使うのである．【2項分布の分散】

さて変数の一次変換によって区域を $[0,1]$ にする．また与えられた連続函数に或る定数を掛けて

$$[0,1] \quad \text{において} \quad |f(x)|<1 \tag{6}$$

としてよい．

連続の一様性によって，$\varepsilon>0$ に対応して δ を定めて，$[0,1]$ において

$$|x-x'|<\delta \quad \text{なるとき} \quad |f(x)-f(x')|<\varepsilon \tag{7}$$

とする．然らば n を十分大きく取れば

$$\left|f(x)-\sum_{\nu=0}^{n} f\left(\frac{\nu}{n}\right)\varphi_\nu(x)\right|<2\varepsilon \tag{8}$$

になって，定理が証明されるのである．――まず(2)によって

$$(8)\text{の左辺} = \left|\sum_{\nu=1}^{n}\left(f(x)-f\left(\frac{\nu}{n}\right)\right)\varphi_\nu(x)\right|.$$

この和を $\left|\frac{\nu'}{n}-x\right|<\delta$ および $\left|\frac{\nu''}{n}-x\right|\geqq\delta$ なる ν', ν'' に関する二つに分ける．

ν' に関しては，(1)によって $[0,1]$ において $\varphi_\nu(x)\geqq 0$ であることを

用いて，(7)から，n に無関係に，

$$\left|\sum_{\nu'}\right| < \varepsilon \sum_{\nu'} \varphi_\nu(x) \leqq \varepsilon \sum_{\nu=0}^{n} \varphi_\nu(x) = \varepsilon.$$

また ν'' に関しては，まず(6)から

$$\left|\sum_{\nu''}\right| < 2 \sum_{\nu''} \varphi_\nu(x).$$

$\dfrac{(\nu''-nx)^2}{\delta^2 n^2} \geqq 1$ だから

$$\left|\sum_{\nu''}\right| < 2 \sum_{\nu''} \frac{(\nu-nx)^2}{\delta^2 n^2} \varphi_\nu(x) \leqq \frac{2}{\delta^2 n^2} \sum_{\nu=0}^{n} (\nu-nx)^2 \varphi_\nu(x).$$

そこで(5)を用いて

$$\left|\sum_{\nu''}\right| < \frac{2x(1-x)}{\delta^2 n} \leqq \frac{1}{2\delta^2 n},$$

それを $<\varepsilon$ にするには $n>1/2\delta^2\varepsilon$ とすればよい．すなわち(8)が成り立つ.」【チェビシェフの不等式】

この文章は先に述べたように高木貞治『解析概論』からの引用である[262]．ただし，【 】で囲まれた部分はここで書き加えたものであるが，この部分を見ればこの証明が前節のチェビシェフの不等式，ベルヌーイの大数の法則の証明と関連の計算，たとえば 2 項分布の平均，分散の計算と同じことが行われていることが分かる．

実はこの証明はベルンシュタイン(Sergeĭ Natanovich Bernstein)とほぼ同じものである[14]．

2.2 節で述べたように 2 項分布の重み

$$b(k;n,p), \quad k=0,1,...,n, \quad 0<p<1$$

の変数 p を $0<x<1$ に変えて $b(k;n,x)$ と書く．今，$0^0=1$ と約束すれば，これは $[0,1]$ 上の関数と広げることができる．一般に，

$$B(x;n) = \sum_{k=0}^{n} \alpha_k b(k;n,x), \quad \alpha_k \in \mathbf{R}, \quad k=0,1,...,n$$

とおけば，$[0,1]$ 上の n 次の多項式が得られる．これは一般にベルンシュタインの多項式と呼ばれる．$[0,1]$ 上の連続関数 f の近似に用いられる

ベルンシュタインの多項式は $\alpha_k = f\left(\frac{k}{n}\right)$ の場合である．すなわち $\sum_{k=0}^{n} f\left(\frac{k}{n}\right) b(k;n,x)$ である．

この証明に出てくる偶然事象との関連を直感的に「成功の確率 x $(0 \leqq x \leqq 1)$ の硬貨投げの結果の算術平均 $\overline{X}_{(n)}$ を考えれば $f(\overline{X}_{(n)})$ の $n \to \infty$ のときの極限が $f(x)$ になる」と言える．この極限への近づき方を正確に評価したのがベルンシュタインの証明である．さらに，この証明は連続関数を近似する多項式を具体的に与えていることが特徴である．

ベルンシュタインはウクライナのオデッサで生まれ，父親の没後，母親の希望で姉とともにパリに移り，当時近代解析学の中心地であったパリで大学教育を受け，ソルボンヌ大学で博士号を取得している．彼はモーメント問題で知られていた．1902 年秋から 3 学期にわたり，ゲッチンゲンに滞在し，直接ヒルベルトに師事したと言われる．その後ウクライナに帰り，東部にあるハリコフ大学で 1907 年から 25 年間教鞭をとっている．ここに述べた内容は帰国間もない頃の成果である[14]．その後サンクトペテルブルクでチェビシェフの伝統をつぐ確率論の研究者として活躍する．高木がどのようないきさつで国際的にはそれほど知られていない学術誌に発表されたこの結果を知ったのかは明らかではない．随想によれば 1920 年から 1921 年頃フランスからドイツを訪ねているので，その折に知ったのかも知れない．

この証明は閉区間上の連続関数の多項式による近似を示しただけでなく，近似に用いる偶然事象と関連深い多項式を具体的に構成している．このことが具体的な応用の問題で生かされている．

コンピュータ技術の発達により，曲線の形状の基本的なデータをコンピュータに記憶させ，それを用いて設計を進める CAD (Computer-Aided Design)の技術が進んでいる．CAD で用いられているベジェ曲線は，シトロエン社のド・カステリョ(Paul de Casteljau)，ルノー社のベジェ(Pierre Bézier)により独立に考案された．企業秘密として 1960 年代後半まで非公開であったが，最近は微積分の入門書でも紹介され始めている[231]．

いま，$\mathbf{R}^2$ の $n+1$ 個の点 $b_0, b_1, ..., b_n$ が与えられたとき，$b_i^0(x) = b_i$,

$i=0,1,...,n$, $b_i^r(x)=(1-x)b_i^{r-1}(x)+xb_{i+1}^{r-1}(x)$, $i=0,1,...,n-r$, $r=1,2,...,n$, とおく．そのとき，$B[b_0,b_1,...,b_n;x]=b_0^n(x)$, $x\in[0,1]$, で決まる $\mathbf{R}^2$ 上の曲線を $b_0,b_1,...,b_n$ より決まる "ベジエ曲線" と呼ぶ．

具体的に言えば次の形になる．b_0,b_1,b_2 を与えて，$b_0^1(x)=(1-x)b_0+xb_1$, $b_1^1(x)=(1-x)b_1+xb_2$, $b_0^2(x)=(1-x)b_0^1(x)+xb_1^1(x)$ とおけば，そのとき $b_0^2(x)$ は 2 点 $b_0^1(x)$ と $b_1^1(x)$ を $x, 1-x$ に内分する点で，$b_0^2(x)=(1-x)^2b_0+2x(1-x)b_1+x^2b_2$ となり，放物線になる．図示すると，[231]の 96 頁に述べられているように図 2.4 の形になる．

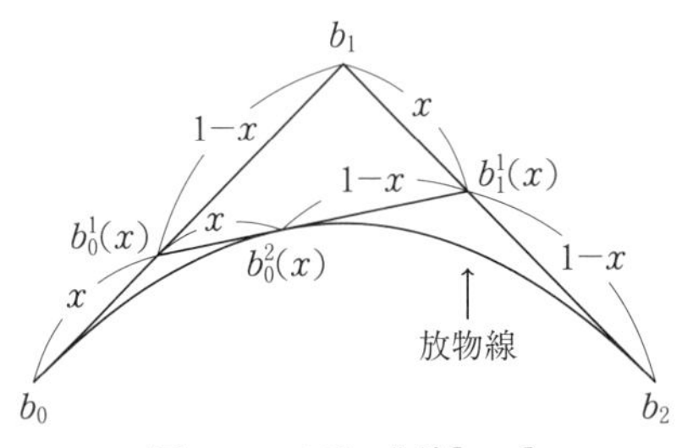

図 2.4　ベジエ曲線[231]．

いまベルンシュタイン多項式について，$(1-x)b(k;r-1,x)+xb(k-1;r-1,x)=b(k;r,x)$ が得られるので，

$$b_i^r(x)=\sum_{k=0}^{r} b_{i+k}b(k;r,x),\quad x\in[0,1]$$

となる．したがって

$$B[b_0,b_1,...,b_n;x]=\sum_{k=0}^{n} b_kb(k;n,x),\quad x\in[0,1]$$

が成立する[231]．

連続関数 $f\colon[0,1]\to\mathbf{R}$ に対し $b_k(f,n)=\dfrac{k}{n}f\left(\dfrac{k}{n}\right)$ とおけば，ベルンシュタインの証明により $B[b_0(f,n),b_1(f,n),...,b_n(f,n);x]$ は曲線 $(x,f(x))$ に一様収束する．

前にも述べたが，偶然事象に関する 2 項分布の特性を活かしたベルンシュタインの証明が数学への応用の中に活かされていることが分かる．これは，2.1 節に述べたマンフォードの指摘の一例である．

2.4 メンデルの法則

生物学の進歩から数学に新たな課題がもたらされることが古くから知られている．たとえば，コーエン(Joel Ephraim Cohen)のエッセイで網羅的に取り上げられている[33]．

ここではメンデル(Gregor Johann Mendel)の成果について取り上げる．丸い種子のエンドウとしわのある種子のエンドウの交配を考える．前者が優性でこれを大文字のAで表す．後者が劣性で小文字のaで表す．1代目(F1)はすべての種子が丸であった．次に，この丸い種子をまいて交雑種を育てると，丸いものとしわのあるものはほぼ3対1である．その2代目の種子をまいて3代目を調べる．しわのよった種子の種からはすべてしわのよった種子ができ，丸い種子からはその3分の1からは丸い種子ができ，残りの種子からは丸い種子としわのよったものがあり，その比率は3対1に近かった．このことをイーデルソンは図2.5のようにまとめている[51, 61頁]．

簡明な数理模型を用いてこのことを整理した法則は，遺伝に関する“メンデルの法則”として現在は広く知られている．なお，1つの特性だけでなく，複数の特性に注目しても同じ種類の法則が成り立つ．この法則が導かれるためには，彼の周到に計画された実験から得られる観察結果がある．これら散らばりのある資料の中に数学的模型を見つける彼の考えは，1851年から1853年までのウィーン大学留学中に培われた．彼は18歳でギムナジウムを卒業したが，経済的な事情で大学に進むことなく，1843年にチェコの西部でスロバキアの国境に近いブルノにある聖トマス修道院で修道士になった．その間近くにあるギムナジウムで古典と数学を教えていたが，それを続けるには国家試験に合格する必要があった．2回続けて不合格になったが，彼の素質を評価していた修道院長の尽力により文化の中心であったウィーンにあるウィーン大学に留学することになった．ウィーン大学の物理学教室はメンデルが入学する前年の1850年に創設され，ヨーロッパで先進的な考えを持った人たちが集まっていた．話はそれるが，高名な物理学者ボルツマン(Ludwig Boltzmann)がここに入学する

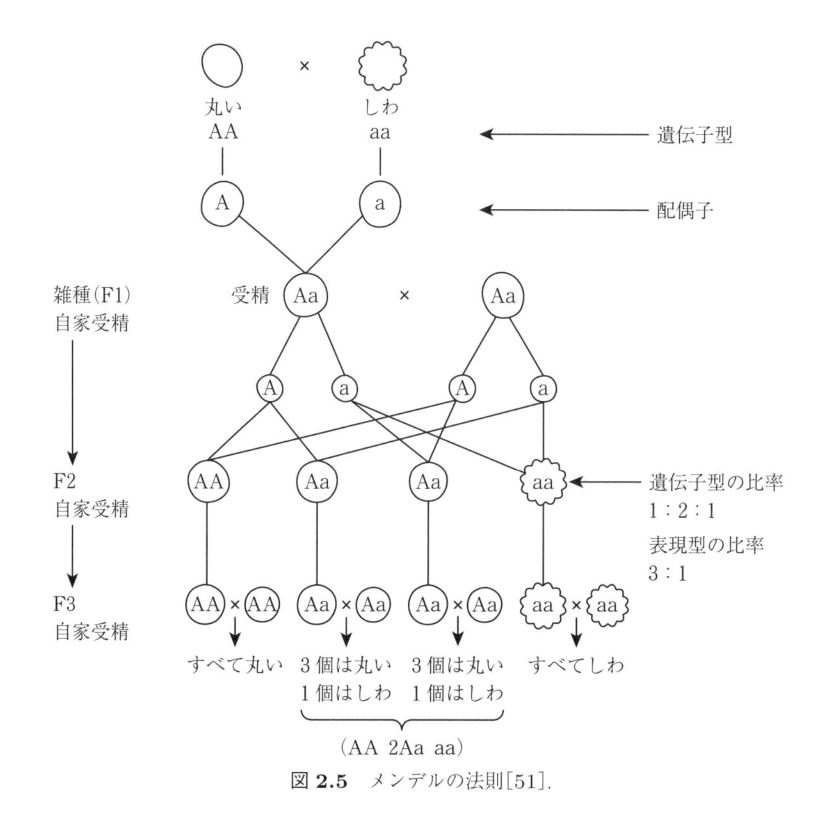

図 **2.5**　メンデルの法則[51].

のは，それより少し後の 1863 年である．メンデルはここで一流の科学者たち何人かと出会っている．たとえば，物理学はドップラー効果の発見者として知られるドップラー(Christian Johann Doppler)に学んだ．また，2.2 節で述べたように，1812 年のラプラスの著書により一新された確率論の考えも 40 年が経ってウィーンに伝わっており，ウィーンの天文学者 K. L. リットローはその重要性を説いた著書で「あらゆる現象は，まったくの偶然によるものとしか思えないものでさえも，十分な回数だけくりかえされれば，どんどん一定の関係を示す傾向をもち，通常はひじょうに単純な法則にしたがう」と書いているが，メンデルはこの本を学んだ[51, 45 頁]．さまざまな現象を数学的なことばで説明できるというこの考えはメンデルの遺伝の研究の中に生かされていく．

図 2.6　メンデル*1．メンデルは後列右から二人目で，フクシアの花を手にしている[51, 7 頁]．

メンデルの資料の統計的扱い方については，有名な統計学者フィッシャー(Ronald Aylmer Fisher)は異なる意見をもっていたが，このことについて，彼の弟子をこめて，多くの人たちによってメンデルの取り扱いを検討した著書が近年出版されている[70]．そこでは，メンデルの方法の確かさが示されている．

メンデルの研究の成果は「雑種植物の研究」という題で 1865 年に発表された．彼は 1884 年に他界するが，それ以前に広く高い評価を得ることはなかった．自然科学史に輝きをきざんだ，彼のこの成果が広く知られるようになったのは 20 世紀になってからである．ただ，彼の同僚は彼が「…わたしの科学の研究にはとても満足しているよ．まもなく世界中が認めてくれるにちがいない」と語っていたと書きとめている[51, 5 頁]．

*1　http://www.cs.uml.edu/~grinstei/91.510/Rediscovery%20of%20Mendel.pdf

第3章 ブラウン運動を巡る新たな話の始まり

3.1　ブラウンの登場

硬貨投げやサイコロ投げは一定の間隔をおいて行われるので，離散時間ごとに現れる偶然性を対象にしている．これに対して，ド・モアブル-ラプラスの定理は試行の結果を反映した和を正規化して極限を考えればいろいろな模型に普遍的に成り立つ法則が見られることを主張している．この正規化は離散的ではあるが，時間間隔を次第に短くしていくとも考えられる．これに対して，ルクレティウスが見た微粒子の運動やレーベンフックが観察した水中の不純物の運動は連続な時間で変化している．実際の観測は離散的に行われるが，その間隔は次々に短くすることができる．ただし，観測に用いる顕微鏡には解像力(分解能ともいう)があるので，それ以上に短い間隔の観測はできない[219]．絶え間なく前後，左右，上下に素早く動き回る微粒子の観測での飛躍的な進歩は1828年にブラウン(Robert Brown)によってもたらされた[23]．今日，文献[23]はインターネットで原文を見ることができる．

ブラウンの論文自身に述べてあるように，この内容は当時の慣習にならってパンフレットの形で友人の間で配布されていたが，雑誌“Philosophical Magazine”の編集部の希望で掲載されたものである(図3.1)．ブラウンの時代の科学は今日のように分化しておらず，図3.2より分かるように，この学術誌は科学全般に開かれていた．

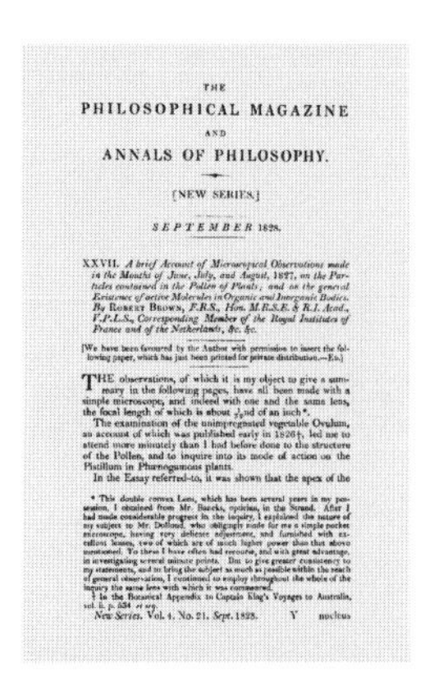

THE
PHILOSOPHICAL MAGAZINE
AND
ANNALS OF PHILOSOPHY.

[NEW SERIES.]

SEPTEMBER 1828.

XXVII. *A brief Account of Microscopical Observations made in the Months of June, July, and August, 1827, on the Particles contained in the Pollen of Plants; and on the general Existence of active Molecules in Organic and Inorganic Bodies. By* Robert Brown, *F.R.S., Hon. M.R.S.E. & R.I. Acad., V.P.L.S., Corresponding Member of the Royal Institutes of France and of the Netherlands, &c. &c.*

[We have been favoured by the Author with permission to insert the following paper, which has just been printed for private distribution.—Ed.]

THE observations, of which it is my object to give a summary in the following pages, have all been made with a simple microscope, and indeed with one and the same lens, the focal length of which is about $\frac{1}{32}$nd of an inch*.

The examination of the unimpregnated vegetable Ovulum, an account of which was published early in 1826†, led me to attend more minutely than I had before done to the structure of the Pollen, and to inquire into its mode of action on the Pistillum in Phænogamous plants.

In the Essay referred-to, it was shown that the apex of the

* This double convex Lens, which has been several years in my possession, I obtained from Mr. Bancks, optician, in the Strand. After I had made considerable progress in the inquiry, I explained the nature of my subject to Mr. Dollond, who obligingly made for me a simple pocket microscope, having very delicate adjustment, and furnished with excellent lenses, two of which are of much higher power than that above mentioned. To these I have often had recourse, and with great advantage, in investigating several minute points. But to give greater consistency to my statements, and to bring the subject as much as possible within the reach of general observation, I continued to employ throughout the whole of the inquiry the same lens with which it was commenced.

† In the Botanical Appendix to Captain King's Voyages to Australia, vol. ii. p. 534 *et seq.*

New Series. Vol. 4. No. 21. *Sept.* 1828.　　Y　　nucleus

図 **3.1**　Philosophical Magazine 誌に掲載されたブラウンの論文.

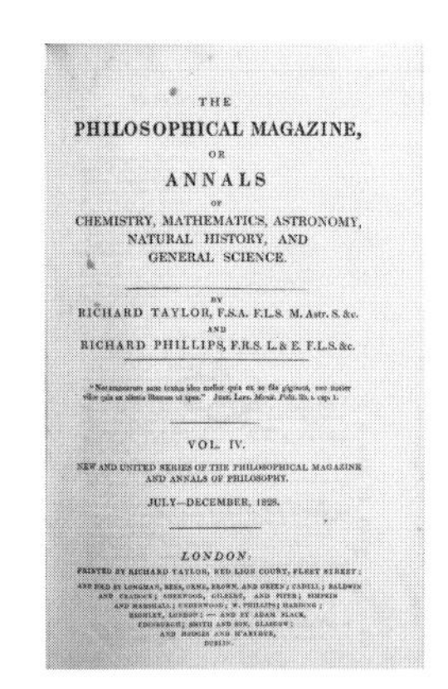

THE
PHILOSOPHICAL MAGAZINE,
OR
ANNALS
OF
CHEMISTRY, MATHEMATICS, ASTRONOMY,
NATURAL HISTORY, AND
GENERAL SCIENCE.

BY
RICHARD TAYLOR, F.S.A. F.L.S. M. Astr. S. &c.
AND
RICHARD PHILLIPS, F.R.S. L.& E. F.L.S. &c.

VOL. IV.

NEW AND UNITED SERIES OF THE PHILOSOPHICAL MAGAZINE AND ANNALS OF PHILOSOPHY.

JULY—DECEMBER, 1828.

LONDON:
PRINTED BY RICHARD TAYLOR, RED LION COURT, FLEET STREET:

図 **3.2**　Philosophical Magazine 誌の表紙.

ペランは 1926 年のノーベル賞の受賞講演で次のように述べている[219, 104 頁].

「ルクレチウスによって予言され，ブフォンによって感づかれ，ブラウンによって確立されたこの現象がブラウン運動であります.」

ここに述べられているように，ブラウンより早く，18 世紀半ば頃ビュフォン(Georges Louis Leclerc Buffon)などが花粉が水の中ではじけて，そこから飛び出す微粒子がピコピコと水の中を飛び回るのを見つけていた[67]．彼らはこの不思議な現象を “active molecule” といい，レーベンフックと同様に何らかの生命のために起こるのではと考えていた．彼らはその運動の性質を解明するのに十分な性能を備えた顕微鏡をもっていなかった[218, 84 頁の脚注].

ブラウンは前年から周到な準備を進め，花が容易に手に入る 1827 年 6 月，7 月，8 月に観察を行った[23]．彼は “ホソバノサンジソウ，マツヨイグサ” の花粉を水の中に入れると，はじけて微粒子が跳び出し，それらはピコピコと動いていること，目にも止まらない速さで居場所を変えていることを見つけた．さらに，1 世紀以上も前の植物標本でも同じ運動が起こり，微粒子の動く速さも変わらないことを見つけた．そして，有機物のみならず，無機物を砕いてこれまでの微粒子と同じくらいの大きさにして水の中に入れても同じ運動が現れることを見つけた．たとえば，1760 年代に始まるイギリスでの産業革命の影響によって汚染が進んでいたであろうと思われるロンドン上空の埃を観測している．このようにして，この微粒子の運動が生命に起因するものではないことを突き止めた．ブラウンの一連の観察は，“活発なモレキュール”の問題を植物学の分野から解き放ち，物理学の分野に持ち込んだ．そして，この現象を解明し表現するために数学のことばで述べる第一歩が踏み出された．この意義は計り知れないくらい大きく，現在では彼の名前をとって，この微粒子の運動を“ブラウン運動”と呼ぶ習わしである．これらブラウン運動の観察やその意義については米沢富美子によって詳しく紹介されている[304, 1.2, 1.3 節]．ルクレティウスにより始められた微粒子の運動の研究は，ブラウンにより新しい段階に進められた．

この運動が現れる背景について，ブラウンは系統的な傾向を見出そうとしたが，確信をもって結論できるまでには至らなかった．そのために，憶測することなく，観測結果の報告だけにとどめた．

進化論で高名なダーウィン(Charles Robert Darwin)がビーグル号の航海に出たのは 1831 年の 12 月であり，ブラウンの論文[23]の出版からほぼ 3 年後のことである．この二人の年齢は 30 歳以上の違いがあったが深い交流があった．ダーウィンの伝記によれば，ビーグル号の出航前にもブラウンを再三訪ねている[38, 71 頁]．その頃ダーウィンはブラウンに流動現象についての不思議な現象を顕微鏡で見せられ意見を求められた．「これは何であるか」というダーウィンの問いについてのブラウンの答えは「これは私の可愛い秘密」であった．ダーウィンの伝記によれば，ブラウンの観察は精密で正確であり，彼は法外な知識があり，惜しみなく教えてくれたが，間違うことを極度に恐れていたとのことである．このときの答えも，このような彼の性格の一面を表していると思われる．

レーベンフックを訪ねる友人は彼の顕微鏡による観察を楽しんでいたと伝えられている[45]．さらにブラウンの話は一般にも知られていて，エリオット(George Eliot)の小説にブラウンの観察の話が世間話として出てくるほどであった[49, 212 頁], [304, 43 頁].

その一方，観測技術が格段に進歩した 20 世紀になると，19 世紀始めの簡単なものでブラウンはどのようにして観測したのだろうという声が絶えなかった[67]. これに答える取り組みが 1980 年代から 90 年代にかけて二人の研究者により独立になされた.

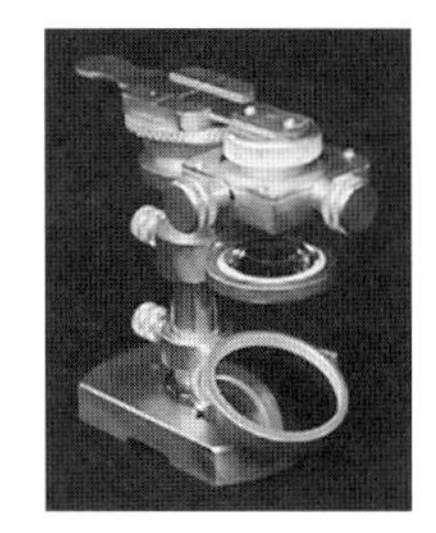

図 **3.3** ブラウンの顕微鏡*1.

その一つは美谷島實により日本物理学会誌に報告されている[18, 19]. まず, 彼はブラウンが使用した Brown–Dollond 式の単式顕微鏡は日本では見つかりそうにないことを確かめ, ブラウンの説明を頼りに, 顕微鏡関係者の協力を得て, そのレプリカを作製した. 図 3.3 はその写真である.

美谷島はこのレプリカを用いて, まず信州大学の校庭に咲いている "オオキンケイギク" から始めて, ブラウンがあげている "ホソバノサンジソウ" や "マツヨイグサ" の観察を続けている. 図 3.4, 図 3.5 に掲げる写真は, ブラウンも取り扱った, ホソバノサンジソウとマツヨイグサについての観察結果の写真である[18].

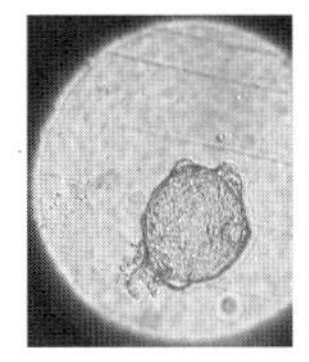
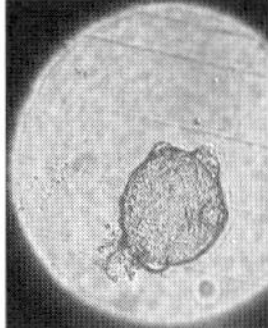
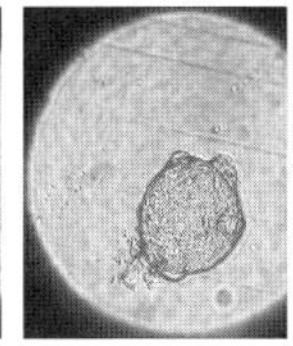
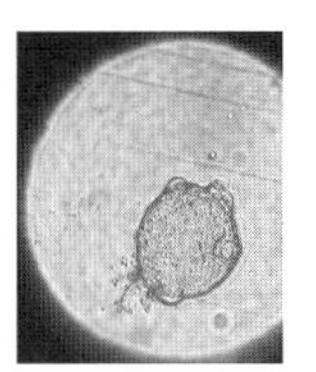

図 **3.4** ホソバノサンジソウの花粉と微粒子のブラウン運動 [18, 604 頁].

この写真(図 3.5)では三角形のおにぎりに似た花粉から放出された微粒子がたくさん見られ, それらがブラウン運動と見られる動きをしている. なおブラウン運動する微粒子の大きさについては, ブラウンは $0.8\,\mu$m から $1.3\,\mu$m ($1\,\mu\text{m}=10^{-6}$ m)であることを述べている[23, 24], [18, 603 頁].

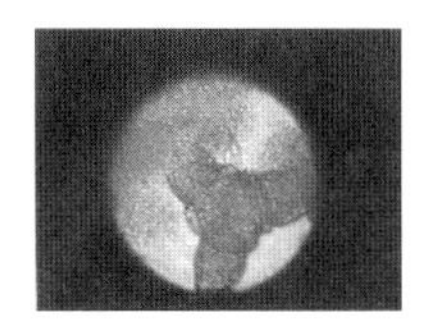

図 **3.5** マツヨイグサの花粉と放出される微粒子[18, 604 頁].

*1 [18, 604 頁]および, http://www.supaa.com/kikou/biyajima01.html. 写真は美谷島實氏より提供.

レーベンフックやブラウンなどの主張についてそれぞれ当時の道具を用いて追試を行っているのは，イギリスの生物学者フォード(Brian J. Ford)である[68]．[68]にはブラウンが研究に用いたものと同型の，王立キュー植物園に残されている顕微鏡の写真があるが，それは先に述べた美谷島たちによるレプリカの写真[18]と非常によく似ている．フォードはこのレプリカを作り，ブラウンの観察を再現した写真を[68]に示している．彼のことばを借りれば，「レーベンフックもブラウンも，顕微鏡で見たものを忠実に描き写していた」．フォードの結論は，この二人が使った観察法について詳細な説明が残されていないので実験を再現するにはかなりの注意力を必要とするが，極めて単純な道具がその見方を永久に変えてしまうことがあるということである．さらに，このことが数学の考え方に大きな影響をもつ発展につながっていく．

なお，美谷島によれば，ブラウンの場合と違って，レーベンフック型のものは日本でも多くの医学・生物・光学系の研究室や施設にある[18]．それがどんなものかは，たとえば[18, 68]にある写真で知ることができる．

これまでに述べたことやそれ以後のブラウンの研究活動はロンドンで行われたが，彼はスコットランドの出身で1773年の生まれである．まず，スコットランド北端のアバディーンにあるMarischal Collegeに学び，その後はエディンバラ大学で医学を学んだ．21歳のとき軍医助手となり，やがてアイルランドに派遣された．1798年には連隊の新兵の募集係としてロンドンに勤務していた．そのとき，ロンドン生まれの高名な植物学者バンクス(Joseph Banks)に紹介される．1801年バンクスが組織したオーストラリアとタスマニアへの探検旅行に加わり，膨大な数の種の収集を行った後，1805年イギリスに帰り，その分類や整理に当たった[67]．余談になるが，オーストラリアは当時ヨーロッパの人たちにより“New Holland”と呼ばれていた．

これらの時期より少し早く18世紀には，ヨーロッパの王様や貿易商にとって新たな領地の植物は薬・換金作物・嗜好品などとして宝の山で，彼らの経済基盤には極めて重要であった[234]．18世紀には植物学者が参加した植物探検が行われた．当時，ヨーロッパの人たちが世界につくった植物園は600を数えたと言われている[234, 21頁]．当時は多くの医者が博物学を学んでいた．ブラウンも大学生時代に植物学に興味をもっていたと言われる．

スウェーデンの植物学者リンネ(Carl von Linné)は分類に有益な体系の提唱者として広く知られているが，彼はまた植物の医学的効用を重視する開業医でもあった[234]．彼を記念して，1788年ロンドンにリンネ協会(Linnean Society of London)が設立された．ブラウンは1806年から1822年にかけてここに所属している．彼は1810年に王立協会(Royal Society)の特別研究員(Fellow)，1822年にリンネ協会の特別研究員となり，1848年から1853年にかけて会長であった．彼は1858年6月10日に亡くなっているが，その頃リンネ協会の総会で報告される予定であったダーウィンの進化論の話は延期され，少し遅れて1858年7月1日になって，その間に知ったウォーレス(Alfred Russel Wallace)の研究と連名で発表された[208]．

図3.6はリンネ協会に飾ってあるブラウンの肖像画である．ロンドンのピカデリー通りをピカデリー広場に向かって歩き，5分くらいのところで左折すると，やがて見えてくる大きな旗が掲げられた建物の中にリンネ協会はおかれている．1階正面にたくさんの肖像画が掲げられた部屋があり，正面中央がリンネの大きな画である．正面に向かって右側の中央がダーウィンで，それから一つおいてブラウンの肖像画がある．手前の部屋には，顕微鏡なども展示してある．

図 3.6　ブラウンの肖像画*2．

前に述べたように，ビュフォンは“active animal”または“active molecule”と呼ばれる微粒子の動きを観測しているが，その他にも彼は植物の分類についても，原産地の名前とは違うものを用いたリンネとは別の考えをもっていて，命名法にも影響力をもっていた．それに止まらず，

*2　https://upload.wikimedia.org/wikipedia/commons/b/ba/Robert_brown_botaniker.jpg

パリの植物園長として社会問題にも大きな力を発揮していた[234]．彼の時代は今日のように科学は分化しておらず，彼の名前は“ビュフォンの針の問題”としても出てくる[103]．これはモンテカルロ法と呼ばれる方法の素朴な形での始まりと考えられている．

補足 3.1.1　(ブラウンの観察についての誤解)　花粉は 30 μm から 50 μm くらいの大きさである．[18]には，美谷島が観測したホソバノサンジソウの花粉はやや大きく 90 μm から 100 μm であったと述べられている．日本では，ブラウンが観測したのは花粉がピコピコと動く様子だという話がある時期までは広まっていた．この誤解は日本では板倉聖宣の[110]における指摘の後は解消されてきている．実際はこれくらい大きいものはピコピコと動くことはなく，ブラウンが見たのは花粉から飛び出した 1 μm くらいの大きさの微粒子の様子である．[67]によれば，このような誤解は日本だけでなく，外国でも見られる．

日本での誤解は，ブラウンのことを日本で紹介した人が花粉粒と花粉から飛び出す微粒子を混同したことに始まると思われる．これらについては[110, 128]に詳しい．この誤解はある時期まで日本で広まっており，その影響は数学者にも及んでいた．たとえば，岩波数学辞典第 2 版，XVI, 確率論の項目，Brown 運動(54 頁)には「R. Brown は水に浮んだ花粉を観察し，この微粒子が絶えず不規則な(以下，略)」という文章が見られる．なお，筆者もこの項目の準備に関係しており，この誤解については責任がある．図 3.1 の論文題目を見ればすぐ分かることを確かめなかったことを深く後悔している．同じ勘違いは著名な数学の本にも見られるが，しかしいずれも本の序文や関係する節の始まりの説明のところで，数学の内容の理解に支障はない．ただ，第 6 章 6.3 節で述べる，ミクロンやナノの単位で測られる現象はまだ未解決なことが多く残されていることを指摘したファインマンの注意に，あまり日本の数学者の関心が向かなかったことに関係しているかもしれない．

補足 3.1.2　美谷島は[18]に関連することを始めた動機の一つは，信州大学教養部の学生セミナーの課題に「ブラウン運動」を取り上げたことだと述べている．この[18]やフォード[67, 68]で我々の周辺で見られるミクロン単位の大きさの微粒子の運動になじんだ人は，さらに数学で熱方程式や2次曲面をこの運動の軌跡とのかかわりで見ることにそれほど高い壁を感じないだろう．

3.2 アインシュタインがもたらした大飛躍

19世紀になると，物理学の中にニュートン力学で語られる秩序と初期条件のもっている特殊性が失われる無秩序が合わさった対象が現れる．これを記述するために，そこに出てくる偶然性を語ることばとして確率の用語が用いられている．当初は，“無秩序”，“偶然”，“確率” などのことばが曖昧の意味で使われていたが，次第にその意味を明らかにして話が進められるようになる．このような様子は朝永[278]に詳しく紹介されている．この時期に，気体を分子の集まりと考え，分子の運動を考察し，気体の大域的な性質を理解しようとする気体分子論と呼ばれるマクスウェルの理論が生まれてくる．この流れの中に2.4節で述べたウィーン大学出身のボルツマンが登場し，理論の完成に努めている．マクスウェルは分子がすべて単一の速さで動いているのではないと考え，理論的考察から，その速度分布が先に述べたガウス分布になることを導く．ボルツマンは違った方法で同じ分布を示したので，3次元ガウス分布は先に述べたようにマクスウェル分布またはマクスウェル-ボルツマン分布と呼ばれることがある．これらについては，米沢[305]に簡明な紹介が述べられている．

1860年を過ぎた頃になると，ブラウンの考察に関連して，そこに見られる微粒子の運動の原因やその特徴を直接解明しようとする動きが強まる．たとえば，グイ(Louis Georges Gouy)[81]などは精密な観測を行い，この運動の種々の特徴を確認している．具体的には，(1)微粒子は並進したり，回転したりしているが，極めて不規則な動きをしている，(2)微粒子は極めて近くに来ても，お互いに無関係な動きをする，(3)時間が経っても，動きは弱まったり，止まったりすることはない，などが確かめられている[304]．さらに，これらの運動が起きる理由についても考えが出されていた．

一方，気体分子運動論には弱点があった．それは分子の存在を前提にしていて，現実の物理的現象を説明しきれないでいる部分があった．このことをニュートン力学の通用限界に関連すると考えてよいとせず，原子の概念自体の間違いとするマッハ(Ernst Mach)やオストワルド(Friedrich Wilhelm Ostwald)の批判があった．

20世紀になり，このような事態を一変させる成果がアインシュタイン(Albert Einstein)によりもたらされた．チューリッヒにあるスイス連邦工科大学チューリッヒ(ETH)を卒業し，ベルンの特許局技師になり，26歳になっていたアインシュタインにとって1905年は輝かしい年であった．彼はこの年に3つの重要な論文を発表している．プランクの量子仮説を一歩進めた光量子論，特殊相対性理論，ブラウン運動の理論のそれぞれ第一論文である．ここでの話題に関連するのは最後のものである[53]．彼は自伝で次のように述べている[54, 60頁]．

「ここにおける私のおもな目的は一定の有限の大きさの原子の存在を可能なかぎり確実に明らかにしている事実を見いだすことであった．そうしているうちに，私は，ブラウン運動についての観測はすでに大分以前からよく知られていたということを知らずに，原子論によると懸濁した微視的粒子の運動は観測にかかるはずであることを発見した．」

彼はこの原子の存在を確実に示すために，それ自身も微小ではあるが懸濁液の原子より桁違いに大きい微粒子に多量にしかも瞬間瞬間あらゆる方向から衝突する分子の影響で起きる微粒子の運動を理論的に考察した．分子の大きさはオングストローム(1 Å$=10^{-10}$ m$=0.1$ nm (ナノメートル))で測るのが適当である．たとえば，ブラウンの観察の場合は，後の20世紀に調べられたことにより，水分子は半径1.4 Åの酸素原子に2つの半径1.2 Åの水素原子が0.96 Å離れてつながっていることが知られている．

また，懸濁液の1 μm くらいの微粒子への分子の衝突回数なども，次節で詳しく述べるペランその他により調べられていて，その数は極めて大きい[256]．いま，理想的な状態を考え，懸濁液の特性は空間内のどこでも同じとする．したがって，微粒子の運動は平行移動しても回転しても変わらないと考えられる．また，任意の時間 $t>0$ に対して，それ以後の軌跡の増分の運動法則は t までの軌跡の挙動に関係しない．しかも0より出発したときの運動法則と同じである．

これだけのことを前提に，彼は次のような推論を進めている．ある液体中に n 個の懸濁粒子がでたらめに分布しているとする．分子の熱運動によって生じる運動は，個々の粒子はもちろんそれぞれの同一粒子の過去と未来もまた，互いに独立な出来事と考えられる．時間間隔 τ の間に y と $y+dy$ にある変位を受けた粒子の個数 dn は

$$dn = n\phi(y)dy$$

をみたす．ここで，$\phi(y)$ は変数 y の回転に不変で，

$$\int_{\mathbf{R}^3} \phi(y)dy = 1, \qquad \phi(y) \geqq 0$$

とする．いま，単位体積あたりの粒子の個数 v は，位置 x と時刻 t のみに関係する場合を考える．$v=f(x,t)$ とおけば

$$f(x, t+\tau) = \int_{\mathbf{R}^3} f(x+y, t)\phi(y)dy$$

が成り立つ．$f(x,t+\tau)$ を τ に関してテイラー展開し，$f(x+y,t)$ を y について展開すれば

$$\begin{aligned} f(x, t+\tau) &= f(x,t)+\tau\frac{\partial f(x,t)}{\partial t}, \\ f(x+y, t) &= f(x,t)+\sum_{k=1}^{3} y_k \frac{\partial f(x,t)}{\partial x_k}+\frac{1}{2!}\sum_{k=1}^{3} y_k^2 \frac{\partial^2 f(x,t)}{\partial x_k^2}, \\ y &= (y_1, y_2, y_3) \end{aligned}$$

となる．このことを用いると，$f(x,t)$ は 3 次元空間上の方程式

$$\frac{\partial f}{\partial t} = \frac{D}{2}\Delta f$$

をみたすことが分かる．ここで，

$$D = \int_{\mathbf{R}^3} |y|^2 \phi(y)dy, \qquad |y|^2 = \sum_{k=1}^{3} y_k^2$$

で，かつ Δ は 3 次元ラプラス作用素，すなわち，2.2 節で述べた 2 階微分作用素を 3 次元空間で考えたもの，具体的には

$$\Delta = \sum_{k=1}^{3}\left(\frac{\partial}{\partial x_k}\right)^2$$

と書けるものである．

この方程式は 2.2 節で 1 次元の場合に考えた熱方程式に相当するものを 3 次元の空間で考えたものである．この場合も同じ名前で呼ばれる．

アインシュタインは一方，浸透圧，流体力学の知られていた公式を用いて計算された拡散係数と上の D を同一視して得られる関係式を用い，懸濁粒子に関する観測結果を用いれば，それらの関係式に現れる分子論的係数(アボガドロ数)を決定できることを主張している．これらについてはアインシュタインの論文[53]の日本語訳の中の井上健の解説および米沢[304]に詳しい．このようにして，気体分子運動論の基礎をなす分子の存在が，ブラウン以来物理現象であることが確認されていた懸濁粒子の観測により確認される第一歩が踏み出される．それは気体分子運動論の発展に苦闘したボルツマンが自ら世を去る前年のことである．

ブラウンはミクロン単位で語られる微粒子の運動について，先に述べたように，事実の確認にとどめ，何故そのような現象が起きるのかを論じなかった．このことは科学の根本的問題にかかわる話として，先に述べた形でアインシュタインにより解決された．なお，彼の論文の始めのところで述べているように，これまで知られていることに頼らず，話の第一歩から結論まで全体の解明を行っている．

ポーランドのルヴフ(リボフ)大学(現在はウクライナ)にいたスモルコフスキー(Marian von Smoluchowski)もまたアインシュタインと同じ問題に取り組んでいた．その成果は 1906 年の論文[256]で論じられている．彼はその中で次の趣旨のことを述べている．「この成果は数年前に得ていたが，実験による検証が可能でなかったので，1906 年まで発表していなかった．」

なお，この頃ルヴフはヨーロッパにおける理論物理研究の中心地の一つであった[132, 245]．また，ある期間にわたりシュタインハウス(Hugo Steinhaus)やバナッハ(Stefan Banach)などによって特色ある数学の研究の中心地の一つになるのは少し後である[139]．

補足 3.2.1　ドイツのボン近郊のライン川の中州に面してバッド・ホーネフの町がある．そこの濃い緑に囲まれた住宅街の一角にドイツ物理学会のセミナー・ハウスがある．1985 年頃は，そこの廊下に 1911 年にブリュッセルで開かれた第1回ソルベイ会議の記念写真(図7.2)が掲げられていた．その中央には，ポアンカレ(Henri Poincaré)とキュリー夫人(Marie Curie)が並び，ランジュバン(Paul Langevin)，ローレンツ(Hendrik Antoon Lorentz)，ラザフォード(Ernest Rutherford)，ゾンマーフェルト(Arnold Johannes Sommerfeld)たちに混じり，後列に若き日のアインシュタインの姿が見られる．「偶然」と「数学」の結びつきが大飛躍する前夜の頃の話である．ところが，1927年に開かれた第5回ソルベイ会議の記念写真(図3.7)では科学界の重鎮として，前列中央に彼の姿がある[196]．

図 3.7　第5回ソルベイ会議記念写真*3．

なお，ソルベイ会議はソーダ製造法の発明者ソルベイ(Ernest Solvay)の援助により始められた．現在も続いていて，日本でも開催された*4．

アインシュタインは，1922年“改造社”の招きで来日している[88]．彼は科学者の間のみならず，相対性理論などにより，日本で広く有名であった．彼は日本に向けた航海の途中，“光電効果の発見”でノーベル物理学賞が与えられることの連絡を受けていた．日本では，東京始め日本各地で一般聴衆向け講演を行い，広く歓迎されている[88]．この比企の本[88]

*3　https://commons.wikimedia.org/wiki/File:Solvay_conference_1927.jpg

*4　21st International Solvay conference in Physics, “Dynamical systems and Irreversibility, けいはんなプラザ，1998年11月1日～5日．

には，この大科学者の人柄をしのばせる逸話も紹介されている．

3.3 数学への道案内人ペランの登場

ソルベイ会議に集まった人たちが活躍した時期に現れたアインシュタインによる原子の存在を導く理論を実験で確かにする考察は，彼の研究の直後からペランによって始められた．

彼は1870年に生まれ，アインシュタインより9歳年上で，アインシュタインの研究が発表されたときには，すでにコロイド溶液の研究の経験があり，それを生かすことができた．まず均等な大きさの球体微粒子を含む溶液を作り，アインシュタインの理論に用いられているすべての仮定の妥当性を示した[217]．これにより分子の実在に関するボルツマンたちの長い苦闘に明確な終止符を打った．

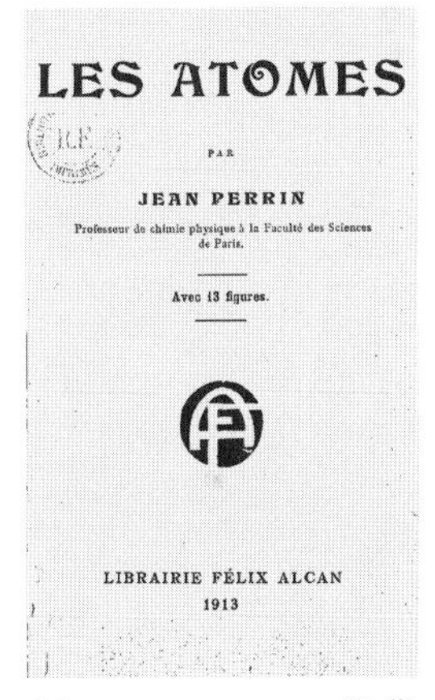

図 3.8 ペランの原著 “Les Atomes” の表紙*5.

ペランのこれらの成果は，その背景，誕生の歴史的背景，結論の意味などとともに，1926年ノーベル物理学賞の受賞講演で概観されている[219]．それにとどまらず，それより早く，1913年直接の専門家だけでなく，この問題に興味を持つ非常に広い範囲の人に読まれる著書で，関連する問題の全体像を示している[218]（図3.8はその本の表紙である）．たとえば，分子の存在については，その日本語訳の190頁に次のようにまとめてある．

> 「それ故，分子の客観的実在性を否定することは困難になった．同時に分子運動はわれわれにとって見られるものとなった．ブラウン運動は分子運動の忠実な映像に外ならない．」

もちろんこの意味は，この時代に分子の運動そのものが直接見えたわけではなく，その動きを忠実に反映したものが見えるという意味である．

---

*5 http://gallica.bnf.fr/ark:/12148/bpt6k373955h

先に補足 3.1.1 でブラウン運動についての日本の研究者の誤解について述べた．しかし専門書ではなく，ペランの著書[218]の岩波文庫の日本語訳でブラウン運動を知った人には，そのような誤解が生まれる余地はなかったと思われる．

ペランの考察は単に分子の存在を確認することにとどまらず，この確認に用いた懸濁微粒子の運動の軌跡の特徴に注目している．たとえば，次のように述べている[219, 104 頁]．

> 「水(または他の液体)に入れた顕微鏡的大きさの粒子は通常のように沈む代わりに完全に不規則な絶えまのない揺動を示します．それは回わりながら浮き上がったり沈んだり，また浮き上がったりして，静止するような気配を見せず，揺動の平均的な状態をいつまでも保ちながら行ったり来たりします．」

ペランはこの本で，半径 0.53 μm の粒子 3 個について 30 秒ごとに観測した粒子の位置を順に結びつけて得られた線分を紹介している．ペランによれば，その図の枠の長さは 62.5 μm である．観測時間の間隔をより短くすれば，軌跡はよりジグザグになり，つなぐための直線の部分が短くなる．ただし，実際は 3.1 節で述べたように，光学顕微鏡の分解能は 0.2 μm から 0.3 μm くらいなので，観測時間の間隔を短くしても，軌跡をより詳しく見ることはできない([219]の 1 節参照)．

それまで，多くの人は微粒子のジグザグな動きを言葉で説明してきた．ところがペランは，実際の観測結果を図にすることにより，軌跡のジグザグの状態を目に見える形にした．さらにペランは，観測した粒子の速度は大きさについても方向についても激しく変化し，観測時間を小さくしても極限に近づくことはないと述べ，加えて軌跡のどの点でも近似的にすら接線は考えられないことを注意している．また 3 個の粒子の軌跡は近づいても，お互いに無関係に動いていることを示している．このように瞬間瞬間偶然性が働く運動の軌跡は，数学者の言う，各点で微分不可能な関数である[218, 英語版 109–110 頁，日本語版 195–196 頁]．

先に 2.3 節で $[0,1]$ 上のどんな連続関数の近くにも多項式が存在することを主張するワイエルシュトラスの結果について述べた．逆に，微分できない関数についても，1872 年のワイエルシュトラスによるものが広く知

られている[83, 292]．いま，$0<a<1$ で b は奇整数として，

$$W_{a,b}(x) = \sum_{n=0}^{\infty} a^n \cos(b^n \pi x)$$

とおく．このとき，$ab>1+3\pi/2$ ならば，$W_{a,b}(x)$ はいたるところ微分不可能というのがワイエルシュトラスの主張である．

いま，$S_b=\{m; m=b^n, n=0,1,...\}$ とおき

$$c(m) = \begin{cases} a^{\log m/\log b}, & m \in S_b, \\ 0, & m \notin S_b \end{cases}$$

とおけば，

$$W_{a,b}(x) = \sum_{m=0}^{\infty} c(m)\cos(m\pi x)$$

と表されるので，ワイエルシュトラスの関数は余弦関数 cos の場合のフーリエ級数になっている．したがって，和の各項は無限回微分可能な関数であるが，それらの無限和をとると，周期の小さい関数が和の値に大きく貢献するときはどこでも微分できない関数になることがあるというのがワイエルシュトラスの例から分かる．この考えの一般化は 1800 年代後半に見られ，1916 年にはハーディ（Godfrey Harold Hardy）が明確に整理された結果を得ている[83]．

このような関数の研究に対しては，発表当時は前向きの人ばかりではなく，高名な数学者に不快な気持ちを持つ人も多かった．たとえば，エルミート（Charles Hermite）は，スティルチェス（Thomas Joannes Stieltjes）宛の手紙の中で「導関数を持たない関数という，この災難から恐怖で顔をそむけたくなる」と書いている[221, 4 頁]．また，ポアンカレは次のように述べている[224, 133 頁]．

「論理は屡々怪物を生み出だす．この半世紀以来，一群の奇怪な函数が現われて，かかる函数は何かものの役に立つ素直な函数とはできるかぎり似ても似つかぬ函数たらんと努めるかの如き観を示すのを人は見て来た．かかる函数はもはや連続性をもたない，或はまた，多分に連続性はもっていてしかも導函数をもたない，などという如きものである．その上論理的見地から見れば，もっとも一般な函数とはこれ

らの変った函数であって，求めずして出会うような普通の函数は，もはや特別の場合に過ぎないかの如くに見える．かかる函数には，ただ片隅の小さな場所が残っているのみである．」

ただ，これらは19世紀の後半から20世紀になるまでの話で，ペランの考察が進むと事情は変わってくる．この節で示してきたように，ワイエルシュトラスの考察は各点で微分不可能な関数の考察にフーリエ級数の考えが有効な働きをする可能性を示している．本来，フーリエ級数の考えは，フーリエ(Jean Baptiste Joseph Fourier)によって熱伝導の方程式やその関連の研究に活用され，有用な役割を果たした[69, 158, 206]．長い周期の項が大きく貢献する場合と短い周期が基本的役割を果たす場合との対応については5.3節で改めて述べる．

話は本節の主題から横道にそれるが，滑らかな関数は意外に少ない三角関数の和で近似できることが知られている[158, 41頁]．たとえば，電子オルガンの製作者は7つか8つの倍音で十分売れる製品を作れるという話が[158]に紹介されている．また，自然科学の実験結果でも少数の三角関数の和で近似できる例が知られている．たとえば，図3.9は[136, 81頁]にあるもので，粘菌細胞の運動に関するある実測値から非周期的なものを引き去った波形が白丸で表されている．

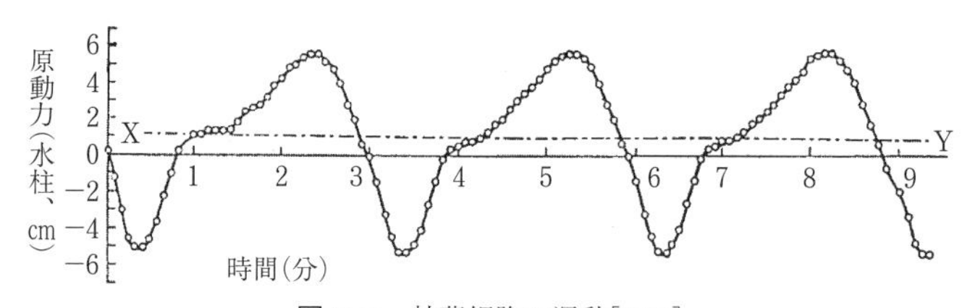

図3.9　粘菌細胞の運動[136]．

これを4つの基本周期のものにフーリエ展開し，加算したものが太い線で示した波形である[136, 79–82頁]．

このように滑らかな関数のフーリエ展開はそれが展開されるというだけでなく，どの程度の速さで近似されるかが問題になる．逆に，この節で始めから問題にしてきた各点で微分不可能な関数については近似のため非常に多数の項が必要になるが，このことについては，先に述べたように5.3

節で改めて述べる.

補足 3.3.1　ペランはヨーロッパの動乱のため, 1940 年アメリカに渡り, 42 年その地で亡くなった. 彼の遺体はフランスの戦艦でフランスに移され, フランスへの功労としてパンテオンに埋葬された.

ファインマン(Richard Phillips Feynman)がカリフォルニア工科大学の 1, 2 年生に対して行った物理学入門の講義をまとめた『ファインマン物理学』 II, 16 章はブラウン運動の説明にあてられている[62]. そこには, 一般によく知られている場合だけでなく, ブラウン運動と同じことが見られる例が紹介されている. たとえば, 石英線に極めて小さい鏡をつけた高感度の弾道電流計を考え, 鏡に光を当てて反射光の当たる位置を見たときの話が例として挙げてある. この例について, ファインマンは詳しい計算をつけながら次のように述べている.「鏡はつねにふらふらしているが, 電流計に現れる振動の様子は, 物理学の基礎的なことから計算できる. もしその振動を小さくしようとすれば, その鏡が気体に囲まれているならば, その気体を冷やせばよく, その観察からここに現れる“ゆらぎ”の源が分かる」. 同じ事情は電流回路にも見られることが述べられている[62, 214 頁]. このことは, ブラウン運動がブラウン, アインシュタイン, ペランと続く説明に出てくる場合の他にも, ミクロンの水準で話される自然界の現象に多く現れることを示している.

補足 3.3.2　ペランの著書[218]は専門家以外にも広く読まれていて, 1936 年までに 3 万部売れたと言われている. 我が国でも注目されたようで, フランス語版が旧制高等学校の図書を引き継いだ大学の図書館で見ることができる.

第4章 偶然を語る現代的枠組みの誕生

4.1 ルベーグの登場

限りなく続く硬貨投げやサイコロ投げに始まる偶然のあり方の考察は，これまで見てきたように，ド・モアブルやベルヌーイに遡る．それらは，ラプラスにより体系化された[275]．一方，ルクレティウスに始まる微粒子の偶然的な運動の考察は，アインシュタインやペランにより，数学へ向かって大きく前へ進む．これらが合流して新たな数学を生むには，取り扱う枠組みの整備が必要であった．

ラプラスの枠組みの限界は，20 世紀が近づくにつれて次第に明らかになり，多くの人が新たな試みを始めた．たとえば，ボレル(Félix Édouard Justin Émile Borel)は 1898 年，今日ボレル測度と呼ばれるものを導入した[22]．さらに，20 世紀の初めにルベーグ(Henri Léon Lebesgue)の学位論文によりこれらの動きは前進させられた[166]．彼らは直線，平面，空間に含まれる集合の長さ，面積，体積のもつ特徴を広げ，部分集合の大きさを測ることに取り組んだ．

たとえば，$[0,1]$ に含まれる 2 つの区間 I_1, I_2 が $I_1 \cap I_2 = \emptyset$ ならば $I_1 \cup I_2$ に対して，$m(I_1 \cup I_2) = m(I_1) + m(I_2)$ の形で区間の長さが拡張される．さらに，$I_n = \left(1/2^{(n+1)+1}, 1/2^{n+1}\right]$，$n = 0, 1, 2, \ldots$，とおけば，$m \neq n$ ならば $I_m \cap I_n = \emptyset$ である．ここで $\emptyset$ は空集合を表している．この場合，有限和だけでなく，無限和まで広げて

$$m\Bigl(\bigcup_{n=0}^{\infty} I_n\Bigr) = \sum_{n=0}^{\infty} m(I_n)$$

とするのが自然であろう．このようにして区間の長さをどこまで広げていけるかに彼らは取り組み，解析学で不可欠の成果にたどり着いた．この結果は，とくに，これまで述べてきた偶然の話を進めるのに極めて有効な確率論にとっては欠くことができない．このため，この分野の話と確率論を 1 冊に取り込んだ本が現れだした（たとえば，[16, 160]）．ここでは，話を進めるために，必要最小限の範囲で，後年コルモゴロフ（Andreĭ Nikolaevich Kolmogorov）によってまとめられた用語の紹介を行う [150]．

集合 $\mathbf{X}$ のある部分集合の族 $\mathscr{B}$ があり，次に述べる性質 $(\sigma.1), (\sigma.2), (\sigma.3)$ をみたすとき，$\mathscr{B}$ は σ-加法族と呼ばれる．

(σ.1)　$\mathbf{X}$ と $\emptyset$ はともに $\mathscr{B}$ に属する，

(σ.2)　$A \in \mathscr{B}$ ならば補集合 $A^c (\equiv \mathbf{X} \setminus A) \in \mathscr{B}$,

(σ.3)　$A_n \in \mathscr{B},\ n=1, 2, \ldots$ ならば $\bigcup_{n=1}^{\infty} A_n \in \mathscr{B}$.

さらに，$\mathscr{B}$ 上の関数 $P\colon \mathscr{B} \to \mathbf{R}$ は次の性質をみたすとき，確率と呼ばれる．

(P.1)　$\mathscr{B} \ni A$ に対して $0 \leqq P(A) \leqq 1$ でしかも $P(\mathbf{X}) = 1$,

(P.2)　$\mathscr{B} \ni A_n,\ n=1, 2, \ldots$ で，$m \neq n$ ならば $A_m \cap A_n = \emptyset$ が成り立つ．よって $P\Bigl(\bigcup_{n=1}^{\infty} A_n\Bigr) = \sum_{n=1}^{\infty} P(A_n)$ が成り立つ．

この (P.2) の性質は，σ-加法性，または可算加法性と呼ばれる．また，確率 P が定義されている可測空間 $(\mathbf{X}, \mathscr{B})$ と P を組にした $(\mathbf{X}, \mathscr{B}, P)$ を確率空間と呼ぶ．これまで述べてきたラプラスの枠組みはここに述べたことに取り込めるので，そこで用いた記号などはそのまま用いるのが慣例である．

偶然らしきものが伴う事柄について，一般に確率という用語が用いられることが多い．しかしながら，必ずしもここの枠組みに取り込むことができないことが多々ある．単にあることが起こる可能性の大小を量的に表すために確率ということばが用いられることがある．どのような現実の問題でここで述べた枠組みがどのように生かされるかについては，場合場合に応じて具体的な検討が必要になる [60]．

ここの枠組みがどのように生かされるかを見るために，数学で広く知られている 2 進展開を考える．$\mathbf{X}=[0,1)$ とする．$\mathbf{X}$ に含まれるすべてのボレル集合からなる σ-加法族，すなわち，すべての半開区間 $[a,b)$，$0\leqq a<b\leqq 1$ を含む最小の σ-加法族を $\mathscr{B}$ とする．その中には $\mathbf{X}$ のすべての開集合，閉集合が含まれるが，すべての区間に対する確率 P の値は区間の長さに等しいものを考える．このことから m が決まる．たとえば，開集合は $[a_n,b_n)$, (a_n,b_n) の形のいずれかの区間 I_n の有限個または可算個で互いに交わらない，すなわち共通点のない和になり，考えられた開集合に対する確率 P の値は I_n の長さの和になる．順次手順を踏むと $\mathbf{X}$ 上に確率 P が決まる．このようにしてできる確率空間 $(\mathbf{X},\mathscr{B},P)$ を $[0,1)$ 上の一様確率空間と呼ぶ．$P(\{1\})=0$ であるのでこの確率空間は $[0,1]$ で考えてもよい．

$[0,1)$ の点の 2 進展開を考える．つまり，$x\in[0,1)$ に対し，$x=\sum_{k=1}^{\infty}\varepsilon_k(x)/2^k$ とおけば，$\varepsilon_1=0$，$x\in[0,1/2)$，$\varepsilon_1=1$，$x\in[1/2,1)$ となり，また $\varepsilon_2=0$，$x\in[0,1/4)\cup[1/2,3/4)$，$\varepsilon_2=1$，$x\in[1/4,1/2)\cup[3/4,1)$，となる．区間 $[0,1)$ の点と 2 進展開の係数 ε_i の間の関係については，厳密に言えば不定のところがあるが，この後の議論について困ることはないので，ここではこの点には立ち入らない．

いま，ラプラスの枠組みのときと同じ記号の使い方をすれば，

$$P(\varepsilon_1(x)=0)=\frac{1}{2},\quad P(\varepsilon_1(x)=1)=\frac{1}{2}$$

で，しかも $\varepsilon_1,\varepsilon_2$ を 0 または 1 とすれば

$$P(\varepsilon_1(x)=\varepsilon_1,\ \varepsilon_2(x)=\varepsilon_2)=P(\varepsilon_1(x)=\varepsilon_1)P(\varepsilon_2(x)=\varepsilon_2)$$

となる．同じ考え方で調べていくと，任意の正整数 n と任意の $\varepsilon_1,\varepsilon_2,\ldots,\varepsilon_n\in\{0,1\}$ に対して，

$$\begin{aligned}&P(\varepsilon_1(x)=\varepsilon_1,\ \varepsilon_2(x)=\varepsilon_2,\ \ldots,\ \varepsilon_n(x)=\varepsilon_n)\\&\quad=P(\varepsilon_1(x)=\varepsilon_1)P(\varepsilon_2(x)=\varepsilon_2)\cdots P(\varepsilon_n(x)=\varepsilon_n),\\&P(\varepsilon_k(x)=\varepsilon_k)=\frac{1}{2},\quad k=1,2,\ldots,n\end{aligned}$$

となることが分かる．このような性質をもつ

$$\varepsilon_1(x),\ \varepsilon_2(x),\ ...,\ \varepsilon_n(x),\ ...$$

は，各々の $\varepsilon_k(x)$, $k=1,2,...$ が 0 と 1 をそれぞれ確率 $\dfrac{1}{2}$ でとる，独立確率変数列と呼ばれる．このようにして，無限に続く硬貨投げの数学的模型が $[0,1)$ 上の一様確率空間の上に作られたことになる．

話はそれだけにとどまらず，もっと一般の模型を作ることができる．そのことを示すために，まず，一般に対角線論法と呼ばれている方法で $\varepsilon_k(x)$, $k=1,2,...$ を並べかえる．

$$\begin{matrix} \varepsilon_1(x) & \varepsilon_2(x) & \varepsilon_4(x) & \cdots \\ \varepsilon_3(x) & \varepsilon_5(x) & \cdots & \cdots \\ \varepsilon_6(x) & \cdots & \cdots & \cdots \\ \cdots & \cdots & \cdots & \cdots \end{matrix}$$

として，これを用いて番号を付けかえる．第 1 行のものに順次 $\varepsilon_{1,1}(x)$, $\varepsilon_{1,2}(x)$, ..., 第 2 行のものに $\varepsilon_{2,1}(x)$, $\varepsilon_{2,2}(x)$, ... と順次番号をつけていく．この方法で

$$\begin{matrix} \varepsilon_{1,1}(x), & \varepsilon_{1,2}(x), & \cdots & \varepsilon_{1,m}(x), & \cdots \\ \varepsilon_{2,1}(x), & \varepsilon_{2,2}(x), & \cdots & \varepsilon_{2,m}(x), & \cdots \\ & & \vdots & & \\ \varepsilon_{n,1}(x), & \varepsilon_{n,2}(x), & \cdots & \varepsilon_{n,m}(x), & \cdots \\ & & \vdots & & \end{matrix}$$

という列が得られる．そこで，

$$X_1(x) = \sum_{k=1}^{\infty} \varepsilon_{1,k}(x)/2^k,\ \ X_2(x) = \sum_{k=1}^{\infty} \varepsilon_{2,k}(x)/2^k,\ \ ...,$$
$$X_n(x) = \sum_{k=1}^{\infty} \varepsilon_{n,k}(x)/2^k,\ ...$$

とおけば，これらは $[0,1)$ の元 $X_1(x), X_2(x), ..., X_n(x), ...$ の 2 進展開になっており，これまでの定め方から任意の区間 $I_1, I_2, ... \subset [0,1)$ に対して

$$P(X_1(x)\in I_1, X_2(x)\in I_2, ..., X_n(x)\in I_n)$$
$$= P(X_1(x)\in I_1)P(X_2(x)\in I_2)\cdots P(X_n(x)\in I_n),$$
$$P(X_k(x)\in I_k) = I_k \text{ の長さ}, \quad k = 1, 2, ..., n$$

となることが分かる．

いま，$\mathbf{R}$ 上で定義された単調増加な連続関数 $F(\xi)$, $\xi\in\mathbf{R}$ で

$$\lim_{\xi\to-\infty} F(\xi) = 0, \quad \lim_{\xi\to\infty} F(\xi) = 1$$

をみたすものを考える．たとえば，$\sigma>0$, $m\in\mathbf{R}$ に対して，

$$g(\eta;\sigma^2, m) = \frac{1}{\sqrt{2\pi\sigma^2}}\exp\left[-\frac{(\eta-m)^2}{2\sigma^2}\right], \quad \eta \in \mathbf{R},$$
$$F(\xi) = \int_{-\infty}^{\xi} g(\eta;\sigma^2, m)d\eta, \quad \xi \in \mathbf{R}$$

とおけばこの条件をみたす．

$F(\xi)$ の逆関数を $G(\xi)$ とする．さらに，$Y_k=G(X_k)$, $k=1,2,...$ とおく．このとき，任意の $\xi\in\mathbf{R}$ に対して

$$P(Y_k\leqq\xi) = P(X_k\leqq F(\xi)) = F(\xi), \quad k = 1, 2, ...$$

が成り立つ．さらに，任意の n と任意の $\xi_1, \xi_2, ..., \xi_n\in\mathbf{R}$ に対して

$$P(Y_1\leqq\xi_1, Y_2\leqq\xi_2, ..., Y_n\leqq\xi_n) = P(Y_1\leqq\xi_1)P(Y_2\leqq\xi_2)\cdots P(Y_n\leqq\xi_n)$$

が成り立つ．このような Y_k, $k=1,2,...$ は，独立確率変数列で各 Y_k は分布関数 $F(\xi)$, $\xi\in\mathbf{R}$ をもつと言われる．実は，$F(\xi)$ が必ずしも連続でなく右連続としても，逆関数の定義を注意深くとれば，これまでの話を進めることができる．

数理統計や確率論の初等的な議論では，独立確率変数の無限列という言葉が，その存在に特別の注意を払うことなく使われることが多い．その存在は測度の理論で抽象的な話として示すことができるが，ここに述べてきたように $[0,1)$ 空間上で具体的に構成することもできる．

いま，f を $\mathbf{R}$ 上の連続関数で $\lim_{x\to\pm\infty} f(x)=0$ をみたすとして，

$$u(t,\xi) = \int_{-\infty}^{\infty} g(\eta;t,\xi)f(\eta)d\eta$$

とおけば，$u(t,\xi)$, $\xi\in\mathbf{R}$ は

$$\frac{\partial u}{\partial t} = \frac{\sigma^2}{2}\frac{\partial^2 u}{\partial \xi^2}$$

をみたすことが示される．この方程式は，3.2 節で述べた熱方程式の 1 次元の場合である．このこととアインシュタインの考察を合わせると，微粒子の運動を考察する数学的な模型をコルモゴロフが示した枠組みの中で考えられることを示唆している．面積や体積の概念から出発したボレルやルベーグの測度の話が，これらの関わりを通して偶然現象の解明に大きな働きをする．このことを通して，解析学の諸々の課題がつながることをこれから順次述べる．ただし，本章の残りの節では微粒子の運動についての話を離れて，広く知られている 2, 3 の話題にとどめる．

補足 4.1.1　コルモゴロフは，先に述べた測度論を用いる偶然事象の取り扱いの他に，チューリング(Alan Mathison Turing)の帰納的関数を用いて「複雑さ(complexity)」の概念を導入し，偶然的なものの取組みに努力し続けた[174]．彼は定義をきちんと述べることが複雑なほど，偶然的と考えた．

4.2　フィボナッチ数

イタリアの数学者フィボナッチ(Leonardo Pisano Fibonacci)は，2 階差分方程式

$$F_{k+2} = F_k + F_{k+1}, \quad k = 0, 1, 2, ...,$$
$$F_0 = 1,\ F_1 = 1 \quad \text{（初期条件）}$$

をみたす数列を 1202 年の著書[63]で考察している．この 2 階差分方程式の解として決まる数列はフィボナッチ数列と呼ばれる．この解はいろいろな方法で求まるが，たとえば，[103]では母関数を用いる方法が述べてある．解は，

$$F_n = \frac{1}{\sqrt{5}}\left\{\left(\frac{1+\sqrt{5}}{2}\right)^n - \left(\frac{1-\sqrt{5}}{2}\right)^n\right\}, \quad n = 0, 1, 2, \ldots$$

である．帰納法でも示すことができる[20]．

このことを用いて，n 回の硬貨投げをするとき，表の次には表が出ないという事象の確率を求める．硬貨投げで表が出たら 1，裏が出たら 0 とおけば，1 と 0 の数列が得られる．これらの長さ n の数列で，1 の次が 1 になっていない数列の個数を $c(n)$ で表す．$n=1$ ならば可能な数列は 0 と 1 の 2 つで，ともに条件をみたすので $c(1)=2$ であり，$n=2$ ならば条件をみたす数列は $00, 01, 10$ であるので $c(2)=3$ である．$n=3$ ならば数列は $000, 001, 010, 100, 101$ であるので $c(3)=5$ である．長さ $n+2$ の数列は長さ $n+1$ の数列に最後に 0 を加えたものと，長さ $n+1$ のものの中で最後が 0 のものに $n+2$ 番目として 1 を付けたものになる．後者は長さ n のものに，$n+1$ 番目として 0 を加えたものになる．このことに注意すると，

$$c(n+2) = c(n)+c(n+1), \quad n = 1, 2, \ldots$$

となる．すなわち，$c(n)$ はフィボナッチ数がみたすものと同じ差分方程式をみたす．しかも，

$$F_2 = 1, \quad F_3 = 2, \quad F_4 = 3, \ldots$$

であるから，$F_3=c(1)$, $F_4=c(2)$ である．これらの話を総合すると，

$$c(n) = F_{n+2}, \quad n = 1, 2, \ldots$$

となる．したがって，$c(n)$ はフィボナッチ数を用いて表すことができて，

$$c(n) = \frac{1}{\sqrt{5}}\left\{\left(\frac{1+\sqrt{5}}{2}\right)^{n+2} - \left(\frac{1-\sqrt{5}}{2}\right)^{n+2}\right\}, \quad n = 1, 2, \ldots$$

となる．硬貨投げで 0 と 1 の数列はすべて同じ可能性で現れるので，n 回の硬貨投げで表の次に必ず裏が出る確率は，

$$\frac{1}{2^n}F_{n+2} = \frac{1}{2^n}\frac{1}{\sqrt{5}}\left\{\left(\frac{1+\sqrt{5}}{2}\right)^{n+2} - \left(\frac{1-\sqrt{5}}{2}\right)^{n+2}\right\}, \quad n = 1, 2, \ldots$$

である．

独立確率変数の無限系列で無限遠点の状態ではなく，途中がどのように

なっているかが古くから知られている数列で表現されている．このような考察は偶然性を持つ運動の解明の 1 つの典型的な例になっている．

4.3　大数の法則

先に述べたように偶然を扱う数学はパスカルとフェルマーの話に始まるが，ここで，それに引き続いて考えられたベルヌーイの大数の法則にもう一度戻る．

最初に，$\mathbf{X}=[0,1)$ 上の一様確率空間 $(\mathbf{X},\mathscr{B},P)$ を考える．その上で定義された無限数列 $X_1(x),X_2(x),...,X_k(x),...$ で

$$P(X_k(x)=1)=p,\quad P(X_k(x)=0)=1-p,\quad k=1,2,...$$

であり，任意の n と任意の $\varepsilon_k\in\{0,1\}$, $k=1,2,...,n$ に対し，

$$P(X_1(x)=\varepsilon_1,X_2(x)=\varepsilon_2,...,X_n(x)=\varepsilon_n)=\prod_{k=1}^{n}P(X_k(x)=\varepsilon_k)$$

となる数列を考える．$\{X_k(x)\}$ は独立確率変数列と呼ばれる．これから，しばしば $X_k(x)$ の x は省略して X_k と書く．いま，$S_n(x)=\sum_{k=1}^{n}X_k(x)$ とおけば，2.2 節に述べたベルヌーイの大数の法則により算術平均 $S_n(x)/n$ の値は $n\to\infty$ のとき p のまわりに集まってくる．この主張はもう少し強い言い方の次の形に言い換えることができる：「無視できる特別の場合を除いて $\lim_{n\to\infty}S_n/n=p$ となる．もう少し形式的に言えば，$\Omega_0=\{x;\lim_{n\to\infty}S_n(x)/n=p\}$ とおけば，$P(\Omega_0)=1$ である」．このことは数学の本では，「ほとんどすべての $x\in\mathbf{X}$ に対して算術平均 $S_n(x)/n$ は $n\to\infty$ のとき p に収束する」という言い方をする．

これは先に 2.2 節で述べたベルヌーイの大数の法則のボレルによる精密化である．この形の話をするには 4.1 節で考えた枠組みが必要になる．この大数の法則を資料から実感しようとすれば，30 年くらい前までは，実際硬貨を 100 回とか 1000 回など繰り返し投げて，表が出るか裏が出るかを記録していく方法しかなかった．しかし，情報技術の進歩により事情は一変した．個人所有のパソコンでも乱数を用いて膨大な回数の硬貨投げの

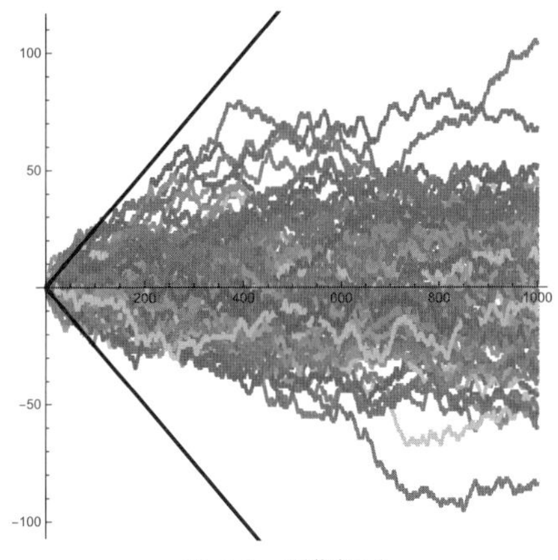

図 **4.1**　硬貨投げ.

シミュレーション結果が得られる.

図 4.1 で 1 つの試行列の回数は 1,000 回で，それを 100 回繰り返している．各回表が出たら 1，裏が出たら −1 とし，番号 n までの総和を S_n とする．その変化の様子がジグザグの折れ線で示されている．n が大きくなると，この折れ線はほとんどすべてがある曲線の中を動いている．n が大きくなるとき，この曲線の大きくなり方は図で太線で示した $y=\pm\dfrac{1}{4}x$ の直線より桁違いに遅い*1．このことから算術平均が試行回数とともに 0 に近くなることが直感される.

偶然的な散らばりがこれまでの話よりももっと一般な場合を考える．そのために，これまで考えてきた p や 2.2 節で考えたチェビシェフの不等式に現れる $p(1-p)$ は一般な散らばりで考えたときにはどんな量を表しているかから考えねばならない．そのために，確率空間の上に定義された関数の積分が必要になる．このことについては測度論や確率論の本には必ず紹介されている．ここでは，それがどのようなものであるか，おおまかなことを知るために，これから必要になる定義をできるだけ簡略な形で述べる [122, 126, 160].

確率空間 $(\mathbf{X}, \mathscr{B}, P)$ を考える．もう一つ $\mathbf{R}$ 上の開集合や閉集合を含む

---

*1　S_n が $\pm\sqrt{2n\log\log n}$ 程度の大きさである確率がほぼ 1 である.

$\mathbf{R}$ の部分集合からなる σ-加法族 $\mathscr{F}$ を考える．f は $\mathbf{X}$ 上に定義された関数で，任意の $A\in\mathscr{F}$ に対して，$f^{-1}(A)=\{x\in\mathbf{X}; f(x)\in A\}\in\mathscr{B}$，となるとき，$f$ は $\mathscr{B}/\mathscr{F}$-可測という．とくに，定義されている空間に確率 P が定義されていることを強調したいときは，確率変数と呼ぶ．しかも，本書でも偶然現象に関連してしばしば使われてきたように，$X(x)$ または単に X の記号が使われることが多い．このような概念になじみのない人は，この本で取り扱う範囲では，このような条件はみたされている場合だけを考えていると思って進んでいって差し支えない．

いま，確率変数 X があれば，$F(\xi)=P(\{x\in\mathbf{X}; X(x)\leqq\xi\})$，$\xi\in\mathbf{R}$，とおけば，$F$ は右連続で広義な意味で単調増加関数で，$\lim_{\xi\to-\infty}F(\xi)=0$，$\lim_{\xi\to\infty}F(\xi)=1$ となる．この関数を確率変数 X の分布関数と呼ぶ．また，この性質をみたす $\mathbf{R}$ 上の関数があれば，$F(\xi)=\mu((-\infty,\xi])$，$\xi\in\mathbf{R}$，をみたす $(\mathbf{R},\mathscr{F})$ 上の確率 μ が一つ決まる[160]．

次に，確率空間 $(\mathbf{X},\mathscr{B},P)$ 上で定義された確率変数列 $X_1(x), X_2(x), ..., X_n(x)$ は，任意の $A_1, A_2, ..., A_n\in\mathscr{F}$ に対し

$$P(X_1\in A_1, X_2\in A_2, ..., X_n\in A_n)=\prod_{k=1}^{n}P(X_k\in A_k)$$

が成り立つとき，互いに独立であるといわれる．さらに，確率変数の無限列 $X_1, X_2, ..., X_n, ...$ があるときは，任意の部分列が互いに独立のとき無限列は互いに独立であるといわれる．しかも，それぞれの分布関数が同じとき，同分布の確率変数と呼ばれる．

この節の始めに述べた硬貨投げに対応する場合の大数の法則の精密化を一般の場合に述べるためには，そこに現れた実数 p に相当するものは一般の場合は何かを明らかにする必要がある．そのためには，可測関数 f の確率 P による積分（または平均）の概念が必要になる．積分に関しては，多くの測度論の本や確率論の本に述べられている（たとえば，［126, 160, 166］）．ここでは，後の説明に必要な範囲であらすじのみを述べる．

いま，f は $\mathscr{B}/\mathscr{F}$-可測関数とする．一般に $a,b\in\mathbf{R}$ に対し，$a\vee b$ を a と b の等しいか大きいほうとし，$a\wedge b$ を a と b の等しいか小さいほうとする．この記号で，$f^+(x)=f(x)\vee 0$，$f^-(x)=-(f(x)\wedge 0)$，とおけば，$f(x)=f^+(x)-f^-(x)$ となり，f^+ も f^- も非負である．f が有限個の正の値

$a_1, a_2, ..., a_n$ のみを取り，$f(x)=\sum_{k=1}^{n} a_k I_{A_k}(x)$，$A_k \in \mathscr{B}$，$k=1,2,...,n$，と表されるとき，$f$ を非負の単関数という．ただし，A_k，$k=1,2,...,n$，は互いに交わらないとする．また，任意の $A \in \mathscr{B}$ に対し

$$I_A(x) = \begin{cases} 1, & x \in A, \\ 0, & x \in A^c = \mathbf{X} \backslash A \end{cases}$$

とおいている．このように表される単関数 f に対して，

$$\int_{\mathbf{X}} f(x)P(dx) = \sum_{i=1}^{n} a_i P(A_i)$$

を単関数 f の確率 P による積分という．この値は f の表現の仕方によらないことが示される．

一般に，非負な可測関数 f に対して，非負の単関数の数列 $\varphi_1, \varphi_2, ...$ を

$$\varphi_1 \leqq \varphi_2 \leqq ... \leqq \varphi_n \leqq ..., \quad \lim_{n\to\infty} \varphi_n(x) = f(x)$$

ととり，f に対する P による積分を

$$\int_{\mathbf{X}} f(x)P(dx) = \lim_{n\to\infty} \int_{\mathbf{X}} \varphi_n(x)P(dx)$$

と定め，右辺の値が有限のとき f の確率 P による積分と呼ぶ．

$f=f^+-f^-$ と表されているときは，f の P による積分を

$$\int_{\mathbf{X}} f(x)P(dx) = \int_{\mathbf{X}} f^+(x)P(dx) - \int_{\mathbf{X}} f^-(x)P(dx)$$

で定義する．とくに，可測関数 X と f に対して，

$$\int_{\mathbf{X}} X(x)P(dx), \quad \int_{\mathbf{X}} f(X(x))P(dx)$$

が有限な値として定まるとき，それぞれを $E[X]$，$E[f(X)]$ の記号で表し，それぞれ $X, f(X)$ の P による平均と呼ぶ．とくに，$m=E[X]$ を X の分布関数 F の平均，または単に X の平均という呼び方をする．さらに，$E[(X-m)^2]$ を X の分散と呼ぶ．

$X_1, X_2, ..., X_n, ...$ を平均 $E[X_k]=m$ と分散 $\sigma^2=E[(X_k-m)^2]<\infty$ となる同分布の独立確率変数列とする．このとき，次のことが示される．

「大数の強法則：$S_n(x)=\sum_{k=1}^{n} X_k(x)$ とおく．このとき，$\Omega_0=$

$\{x;\lim_{n\to\infty}S_n(x)/n=m\}$ とおけば，$P(\Omega_0)=1$ である．違った形でいえば，無視できる特別の場合を除いて，$\lim_{n\to\infty}S_n/n=m$ となる．」

この証明のためには次の不等式が必要になる．

「コルモゴロフの不等式：$X_1, X_2, ..., X_n$ が同分布な独立確率変数列で，平均 $E[X_k]=m$，分散 $\sigma^2=E[(X_k-m)^2]$ が存在すれば，任意の $\alpha>0$ に対して

$$P\Big(\max_{1\leqq k\leqq n}|X_1+X_2+\cdots+X_k|>\alpha\Big)\leqq n\sigma^2/\alpha^2$$

となる．」

この不等式は，離散的な時間係数 k が $1,2,...,n$ と変化するときの偶然を伴う運動の軌跡 $S_k=X_1+X_2+\cdots+X_k$ の最大値の評価になっている．これに対して，2.2 節で考えたベルヌーイの大数の法則を示すためには，最終の S_n に関する不等式，すなわちチェビシェフの不等式を示せば十分であった．この違いが大数の法則の結論に反映している．

もう一つの特徴は，これら大数の法則は同分布な独立確率変数の場合は，分散の存在を前提にすれば，各 X_k, $k=1,2,...,$ の分布関数についてそれ以外の性質に関係なく，共通の形の結論になることである．

実は，同種類の結論はエルゴード理論と呼ばれている分野で広く考察されている[279]．この節で注目したのは，偶然的な変動をする運動の軌跡がどのように左右に広がるかである．このことは微粒子の軌跡はどのような広がりを持つかについてのペランの考察に通じる．また先に述べたファインマンの本には 2 次元酔歩がどのように広がるかが説明されている[62, I-6-4 節]．

補足 4.3.1　散らばりのある事柄で，その平均が事前には分からないことがある．そのとき通常，平均のかわりに，観測値の算術平均が用いられている．話を少し広げて，知りたいことが平均のまわりの散らばりのときはどう考えたらよいかがコルモゴロフ[152]により論じられている（また[287]参照）．

4.4　酔歩はいつかは出発点に戻ってくるか？

$\mathbf{Z}^d$ (d は正整数)を $\mathbf{R}^d$ の中の格子点の全体とする．その上を隣接点へ偶然的にしかも同じ割合で動く運動を考える．もう少し数学らしく言えば，次の形になる．まず，$e_k=(0,0,\ldots,\overset{k}{1},0,\ldots,0)\in\mathbf{Z}^d$，$k=1,2,\ldots,d$，$U=\{\pm e_k; k=1,2,\ldots,d\}$，とおけば，$U$ は $\mathbf{Z}^d$ の原点 O の近傍である．U の値をとる無限の長さの確率変数列 $\xi_1,\xi_2,\ldots,\xi_n,\ldots$ で，任意の m と任意の $x_1,x_2,\ldots,x_m\in U$ に対し

$$P(\xi_1=x_1,\xi_2=x_2,\ldots,\xi_m=x_m) = \prod_{j=1}^{m} P(\xi_j=x_j)$$

をみたすもの，すなわち互いに独立なものを考える．そのとき，

$$X_n = \xi_1+\xi_2+\cdots+\xi_n, \quad n = 1,2,\ldots$$

とおけば，$\mathbf{Z}^d$ の上を動く運動の軌跡が得られる．なお，ここで和の記号 $+$ は $\mathbf{Z}^d$ におけるベクトルの和の意味である．また，任意の $x\in\mathbf{Z}^d$ に対して

$$X_n(x) = x+X_n, \quad n = 1,2,\ldots$$

とおく．この運動は「d 次元標準酔歩」と呼ばれる．多くの場合，単に「d 次元酔歩」と呼ばれる．

この名前は，古い趣を残したパブで友人ととめどない会話を楽しんだ英国紳士がパブを出て方向を見失い，街角で右往左往する様子に由来していると言われている[265]．時には酔歩蹣跚(まんさん)と呼ばれることもある[77]．最近は「ランダム」という用語が偶然にまつわる多岐にわたる現象を表す言葉として広く用いられるように，「random walk」の日本語の仮名書きの「ランダムウォーク」の用語で呼ばれることが多くなっている．なお，ここに考えたような独立確率変数列は，4.1 節に述べたように，$[0,1)$ 上の確率空間上で作ることができる．実際，$\widetilde{U}=\{-d,-d+1,\ldots,-1,1,\ldots,d-1,d\}$ 上に無限の長さの同分布の独立確率変数列 $\eta_1,\eta_2,\ldots,\eta_n,\ldots$ で $P(\eta_n=k)=1/2d$，$k\in\widetilde{U}$，$n=1,2,\ldots$ をみたすものが構成できる．そこで，$n=$

$1, 2, \ldots$ に対して

$$\xi_n = \begin{cases} -e_k, & \eta_n = -k, \\ e_k, & \eta_n = k, \end{cases} \qquad k = 1, 2, \ldots, d$$

とおけば，U の値をとる独立確率変数列 $\xi_1, \xi_2, \ldots, \xi_n, \ldots$ が得られる．

d 次元酔歩は，これまで考えてきた微粒子の運動の最も素朴ではあるが，有益な数学的な模型と考えられる．その様子を直感的に見るために，酔歩の軌跡のシミュレーションを考える．図 4.2 は d=2 の場合に 500,000 歩の試行を考えている[103]．微粒子で言えば，軌跡を (x, y) 平面に射影すれば，平面上の運動の軌跡が得られる．図 4.2 はそのシミュレーションと考えられる．実際，この図とペラン[218]や米沢[304]に紹介されている微粒子の軌跡の観測結果は極めて似ている．

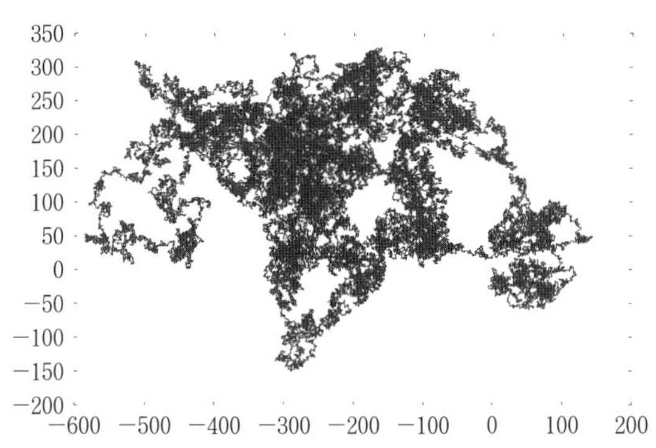

図 4.2　2 次元酔歩のシミュレーションの結果(50 万歩)[103, iv 頁].

図 4.1 は時間を x 軸に，軌跡の変動を y 軸にとったときの 1 次元酔歩の軌跡のシミュレーションである．これを見ると，帰るまでの時間は結構長くかかるが，どの軌跡も x 軸を横切る，すなわち出発点に戻ってくるように見える．このことについては，フェラー(William Feller)の有名な著書[60]の第Ⅲ章(120-123 頁)に 10,000 歩の実験例が示されていて，原点に帰る様子が分かる．これに対して，図 4.2 は 2 次元酔歩の 1 本の軌跡のシミュレーションである．これを見るだけでは出発点に戻っているかどうかは判然としないが，しいて言えば帰ってきているように見える．

いま，原点から出発した酔歩が原点に最初に帰ってくる時間を σ とする．σ は酔歩の出発点に最初に戻る再帰時間と呼ばれる．$q{=}P(\sigma{<}\infty)$ とおく．すなわち，q を有限時間内に帰ってくる確率とする．この q を酔歩の出発点への再帰確率と呼ぶ．ここでの目標は，どんなときに $q{=}1$ となるかを明らかにすることである．このとき原点 O は再帰的な点と呼ぶ．標準酔歩の運動を決める法則は空間的に一様であるので，O が再帰的ならばすべての $\mathbf{Z}^d$ の点も再帰的になる．

酔歩が原点 O に戻ってくると，それから以後の動き方の法則は O から出発したときの動き方を決める規則とまったく同じになる．このことは先に述べた酔歩が独立確率変数の和になっていることから分かる．したがって，酔歩が 2 回以上出発点に帰ってくる確率は q^2 である．同じ考えを繰り返して用いると，$n{\geqq}1$ に対し P(酔歩が n 回以上出発点に帰る)$=q^n$ となる．このことから，$n{\geqq}1$ のとき P(酔歩がちょうど n 回出発点に帰る) $=q^{n-1}-q^n$ となる．そこで，酔歩が出発点に帰ってくる総回数を S とすれば，両辺が ∞ である場合も含めて，その期待値は

$$
\begin{aligned}
E[S] &= \sum_{n=1}^{\infty} nP(\text{酔歩がちょうど}\, n\, \text{回出発点に帰る}) \\
&= \sum_{n=1}^{\infty} n(q^{n-1}-q^n) = \sum_{n=0}^{\infty} q^n
\end{aligned}
$$

となる．したがって，

$$
q<1 \quad \Longleftrightarrow \quad E[S]=1/(1-q)
$$

となる．このことから，

$$
P(S<\infty)=1 \quad \Longleftrightarrow \quad E[S]=1/(1-q)
$$

が示される．ここの結論で，$\Longleftarrow$ の方向は平均の定義から常に言えることである．$\Longrightarrow$ の方向は，先に述べた σ 以後の動き方の法則が出発したときの動き方の法則と同じであることから示される．したがって，出発点が再帰的であるかどうかは，$E[S]{=}\infty$ であるか $E[S]{<}\infty$ であるかを調べると分かる．そこで，$\xi{\in}\mathbf{Z}^d$ に対して

$$
\chi(\xi{=}0) = \begin{cases} 1, & \xi=0, \\ 0, & \xi\neq 0 \end{cases}
$$

とおけば，定義から $S=\sum_{n=1}^{\infty}\chi(X_n=0)$ であるので，

$$E[S]=E\Big[\sum_{n=1}^{\infty}\chi(X_n=0)\Big]=\sum_{n=1}^{\infty}E[\chi(X_n=0)]=\sum_{n=1}^{\infty}p(n,0,0)$$

である．ここで，$p(n,x,y)$ は酔歩が x より出発し，時刻 n で y にいる確率 $P(X_0=x, X_n=y)$ である．$\{p(n,x,y); x,y\in\mathbf{Z}^d\}$ を酔歩の n 歩の推移確率系と呼ぶ．このようにして，酔歩が再帰的であるかどうかを見るためには，$\sum_{n=1}^{\infty}p(n,0,0)$ の収束，発散を調べるとよいことが分かる．

酔歩が出発点に帰るためには，各方向の正の方向と負の方向に同じ回数だけ動く必要がある．したがって，奇数回目に出発点に帰ることはないので，$p(2n,0,0)$, $n=1,2,\ldots$ を調べればよい．実際，この値は，次元 $d=1,2,3$ に応じて，

$$\frac{1}{2^{2n}}\binom{2n}{n},\qquad \frac{1}{4^{2n}}\sum_{i=0}^{n}\frac{(2n)!}{i!i!(n-i)!(n-i)!}=\frac{1}{4^{2n}}\binom{2n}{n}\sum_{i=0}^{n}\binom{n}{i}^2,$$

$$\frac{1}{6^{2n}}\sum_{i,j\geqq 0,i+j\leqq n}\frac{(2n)!}{(i!j!(n-i-j)!)^2}$$

となることが分かる．ところが，$d=2$ のときは，

$$\sum_{i=0}^{n}\binom{n}{i}^2=\sum_{i=0}^{n}\binom{n}{i}\binom{n}{n-i}=\binom{2n}{n}$$

に注意すると，

$$p(2n,0,0)=\Big(\frac{1}{2^{2n}}\binom{2n}{n}\Big)^2$$

となる[265, 60]．ここで，第 2 章の 2.2 節のド・モアブルの定理に関連して述べたスターリングの公式を用いると，$d=1,2$ のときは $\sum_{n=1}^{\infty}p(2n,0,0)$ は無限大に発散し，$d=3$ のときは有限であることが示される[158, 265, 60]．$d\geqq 4$ のときは $d=3$ のときより $p(2n,0,0)$ が小さいことはほぼ明らかであるので，まとめて言えば，$d=1,2$ のときは原点 O は再帰的であり，$d\geqq 3$ のときは原点 O は非再帰である．このことは，比喩的な言い方をすれば，酔った人は前後か左右にしか動けないので，はるか遠くに立ち去ることはないことを示している．

一般に，解析学では，ある特性が成り立つかどうかを積分または級数の収束か発散かで言いかえることが，しばしば見られる．ここの話はその

一例である．ここで注目すべきは，判定条件の級数の和が有限であることは，単に軌跡が原点に帰ってくる回数の総和が有限であるというだけでなく，その平均すら有限であることを示している．偶然による散らばりについて同じ種類のことがしばしば見られる．たとえば 8.1 節でその一例を述べる．

いま $\sigma(x)$ を x を出発する酔歩 $X(x)$ が初めて原点 O に到達する時刻とする．ただし，原点に到達しない場合は $\sigma(x)=\infty$ とする．このとき，$u(x)=P(\sigma(x)<\infty)$ とおけば，

$$0 \leqq u(x) \leqq 1, \quad u(0)=1$$

であることは明らかで，$x\in\mathbf{Z}^d$ から出発した酔歩は 1 歩で格子点 x の近傍のみに動くことに注意すれば，$x=(x_1, x_2, ..., x_d)\neq 0$ のとき，

$$u(x_1, x_2, ..., x_d) = \sum_{j=1}^{d} \Big(u(x_1, ..., x_j+1, ..., x_d) + u(x_1, ..., x_j-1, ..., x_d) \Big) / 2d$$

をみたす．すなわち，先に導入した 2 階差分作用素 L を用いると

$$Lu(x) = 0, \quad x \neq 0$$

となる．このような方程式をみたす関数 u は $\mathbf{Z}^d\backslash\{0\}$ 上で L に関して調和と呼ばれる．酔歩が再帰的ということは，$0\leqq u \leqq 1$, $u(0)=1$ をみたす L に関して調和な関数は，$u(x)=1$, $x\in\mathbf{Z}\backslash\{0\}$ となり，ただ一つ決まる．すなわち，酔歩の再帰性の問題は，境界条件 $u(0)=1$ をみたす 2 階差分方程式の解の一意性の問題であることが分かる．少し違った言い方をすれば，$0\in\mathbf{Z}^d$ から出発した酔歩が非再帰であるとき，すなわち $d\geqq 3$ のときは L に関する調和関数を考察するためには，$\mathbf{Z}^d$ の無限遠点を考えて，そこでの境界条件を取り入れる必要がある．

方程式の解の一意性とある偶然事象が起きる確率が 1 であることが同等である話は，ボレルやルベーグの成果を踏まえた 20 世紀の初頭に始まる枠組みを用いて，ようやく取り扱いできるようになる．

ここで述べたことは，1921 年，ポリヤがチューリッヒにいた頃の成果である[227]．チューリッヒ大学の裏山に沿った通りとそれに十字に交わった道に囲まれた住宅街を漫然と散策しながら思いついたと言われて

いる．この問題や関連することは，[60, XIV 章，452–458 頁]に紹介されている．さらに，そこでは 3 次元の酔歩が出発点に戻る確率がおおよそ 0.35 であることが指摘されている．

次に，簡単な注意を述べる．酔歩 X_n の成分を $(X_n^{(1)}, X_n^{(2)}, \ldots, X_n^{(d)})$, $n=0,1,2,\ldots$ とすれば，$\{X_n^{(k)}, n=1,2,\ldots\}$, $k=1,2,\ldots,d$, $(d\geqq 2)$，は独立ではない．たとえば，$d=2$ のとき，$P((X_3^{(1)}, X_3^{(2)})=(1,1))=0$ であるが，$P(X_3^{(1)}=1)=P(X_3^{(2)}=1)\neq 0$ である．

この節では離散的な時間係数の場合を考えてきたが，ここで時間，空間とも測定の単位を適当な割合で縮小することを考える．さらに各観測時刻の間は軌跡を直線でつなげば，連続な時間係数のものが得られる．この節で考えた性質は大局的なものだが，このようにしてできる近似列の極限に遺伝する．このことについては第 5 章で改めて立ち返る．この事情は，空間と時間の単位を適当な割合で小さくしたときに得られる極限では違ってくる．

4.5　交換可能な確率変数列とハウスドルフのモーメント問題

解析学では数列がみたす性質を利用して，ある測度を求め，与えられた数列をそのモーメント(積率)として表すことがしばしば考えられる．ハウスドルフ(Felix Hausdorff)のモーメント問題はよく知られたその一例である．この節ではこれまでの話の本筋から少し脇にそれるが，この問題とパスカルの三角形上の偶然的運動との関係を考える．

$b\in[0,1]$ を固定して，数列 $C(n;b), n=0,1,2,\ldots$ を $C(n;b)=b^n$ で決めると，この数列は広義の意味で単調減少である．それのみならず，任意の $k\ (k=1,2,\ldots)$ に対し，$(-1)^k(\Delta^k C(\cdot;b))(n)\geqq 0$, $n=1,2,\ldots$, をみたす．これまで Δ の記号は $\mathbf{R}^d$ 上のラプラス作用素として用いたが，この節では，慣習に従って，次の意味の 1 階差分作用素の意味に用いる．数列 $\{f(n)\}_{n=0}^{\infty}$ に対し，$(\Delta f)(n)=f(n+1)-f(n)$, $n=0,1,2,\ldots$, とする．さらに，$(\Delta^2 f)(n)=(\Delta f)(n+1)-(\Delta f)(n)$, $n=0,1,2,\ldots$, とし，一般に $k\geqq 1$ に対し，$(\Delta^k f)(n)=(\Delta^{k-1} f)(n+1)-(\Delta^{k-1} f)(n)$, $n=0,1,2,\ldots$, とお

く．いま，$f(0)=1$, $0\leqq f\leqq 1$ をみたす数列 $f(n)$, $n=0,1,2,\ldots$ が

$$(-1)^k(\Delta^k f)(n) \geqq 0, \quad n=0,1,2,\ldots$$

をみたすとき，完全単調(complete monotone)という．この用語を用いると，先に述べた $C(n;b)$, $n=0,1,2,\ldots$ は完全単調である．定義から，f_1, f_2 が完全単調ならば，$a_1, a_2\in[0,1]$, $a_1+a_2=1$ のとき，$a_1f_1+a_2f_2$ も完全単調であることは容易に分かる．すなわち，$0\leqq f\leqq 1$, $f(0)=1$ をみたす完全単調な数列の全体は凸集合である．この凸集合の中で，$C(\cdot;b)$ が端点であることと，その全体で任意の完全単調数列を表すことができることを示すのがハウスドルフの定理である．

この話を偶然的な動きをする軌跡の話に言いかえるために，ケロフ(Sergei V. Kerov)の考えに従って，2.1 節で述べたパスカルの三角形 Γ を考える[140]．

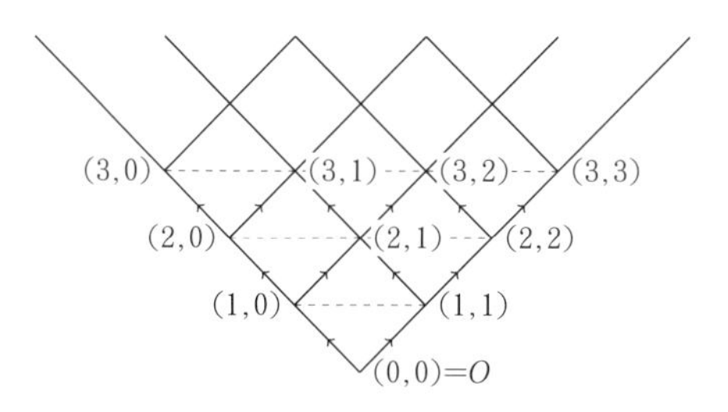

図 4.3　パスカルの三角形．

(通常パスカルの三角形は下に開いた形で用いられるが，ここでは便宜上，図 4.3 のように上下を逆にして用いる)．この Γ に上で示した形で座標を導入する．Γ 上の関数 h について $h((0,0))=1$，$0\leqq h\leqq 1$ で，任意の点 $(n,k)\in\Gamma$ に対して

$$h((n,k)) = h((n+1,k))+h((n+1,k+1)), \quad (n,k)\in\Gamma$$

が成り立つとき，h は (Γ)-調和という．調和という用語は数学で古くから用いられている．しかもケロフ自身は単に調和と呼んでいるが，ここではどこで考えているかを明らかにするために，(Γ)-調和の用語を用いることにする．いま，この (Γ)-調和関数 h に対し，$c(n)=h((n,n))$, $n=$

$0, 1, 2, \ldots$ とおけば，この数列は完全単調である．このことは (Γ)-調和の定義を繰り返し用いればよい．たとえば，

$$\begin{aligned}(-1)(\Delta c)(n) &= -(c(n{+}1)-c(n)) \\ &= -(h((n{+}1, n{+}1))-h((n, n))) \\ &= h((n{+}1, n)) \geqq 0, \quad n = 0, 1, 2, \ldots\end{aligned}$$

となる．また，

$$(-1)^2(\Delta^2 c)(n) = h((n{+}1, n))-h((n{+}2, n{+}1)) = h((n{+}2, n)) \geqq 0$$

となることが容易に分かる．

逆に，$c(0)=1$, $0\leqq c(n)\leqq 1$ で完全単調な数列 $c(n)$, $n=0, 1, 2, \ldots$ があれば，

$$h((n, k)) = (-1)^{n+k}(\Delta^{n-k}c)(k), \quad k = 0, 1, \ldots, n$$

で決まる Γ 上の関数 h は (Γ)-調和である．したがって，完全単調数列の話は Γ 上の (Γ)-調和関数の話に言いかえることができる．

図 4.3 の Γ で各頂点 (n, k) から ↗ で示した右上の $(n{+}1, k{+}1)$ または ↖ で示した左上の $(n{+}1, k)$ に動く軌跡全体を W とし，W の要素を n で止めた軌跡の全体を $W^{(n)}$ とする．$W^{(n)}$ に属する w で $w(n)=(n, k)$ ならば，これに対する重みが $h((n, k))$ となる確率 $P^{(n)}$ を考える．W の要素は常に ↗ の方向か ↖ の方向のみに動き，$W^{(n)}$ 上だけで見れば，$P^{(n)}$ で決まる動き方をしている．このことは W 上に確率 P が存在して，$W^{(n)}$ 上では $P^{(n)}$ に一致することを意味する．この意味で完全単調関数の話は Γ 上の (Γ)-調和関数の話を通して上に述べた W 上の確率 P で決まる偶然性を伴う話で言いかえることができる．ところが，$c(0)=1$, $0\leqq c\leqq 1$ または $h((0, 0))=1$, $0\leqq h\leqq 1$ なる集合が凸集合であることはほぼ明らかで容易に示される．そこで問題は凸集合の端点と一般の場合をその端点でどのように表すかである．このことに答えるのが，ハウスドルフの次の定理である．

「ハウスドルフの定理：$c(0)=1$, $0\leqq c(n)\leqq 1$ なる $\mathbf{Z}_+$ 上の数列が完全単調であるための必要十分条件は，$[0, 1]$ 上の確率測度 μ が存在し

て

$$c(n) = \int_0^1 b^n \mu(db), \quad n = 1, 2, ...$$

と表されることである．しかも上の確率測度 μ は一意的に定まる．」[247]

ここで，上のように確率 μ で表される数列 $c(n)$, n=0, 1, 2, ... が完全単調であることは，差分作用素を用いて完全単調性が定義されるので，μ による積分と Δ とが順序交換できることから明らかである．したがって，ハウスドルフの定理の本質的な部分は完全単調な数列から積分表現する確率 μ の構成と一意性を示すことである．このことは近年は基礎的な解析学の本でも紹介されている[264]．これに対し，ケロフは (Γ)-調和関数の形で Γ 上の空間 W を用いて次の形で示している[140]．

「Γ 上の $h((0,0))$=1, 0≦h≦1 なる関数 $h((\cdot,\cdot))$ が (Γ)-調和であるための必要条件は，$[0,1]$ 上の確率測度 μ が存在して

$$h((n,k)) = \int_0^1 h((n,k);b)\mu(db), \quad (n,k) \in \Gamma$$

となることである．しかも，μ は h より一意的に決まる．ここで，

$$h((n,k);b) = b^k(1-b)^{n-k}, \quad k = 0, 1, 2, ..., n, \quad n = 0, 1, ...$$」

このことが先に述べたハウスドルフの定理と同等なことは，これまでに述べたことより分かる．また一意的に決まる部分は，閉区間 $[0,1]$ 上の任意の連続関数 f に対して

$$\sum_{k=1}^{n} f\left(\frac{k}{n}\right) h((n,k);b)$$

は，2.3 節で述べたベルンシュタイン多項式で，そこで述べたワイエルシュトラスの近似定理で n を十分大きくとれば f を一様近似できることから導かれる．

したがって，ハウスドルフの定理の肝心な点は，完全単調な関数 c または (Γ)-調和関数より測度 μ を構成する部分である．ケロフは (Γ)-調和関数に対応する先に述べた W 上の確率 P を用いて実行している．ハウスドルフの問題に対しては，ケロフの場合とよく似た形で時空マルコフ連鎖を

用いても行うことができる(渡辺毅[291]).

ところが，ここで述べたことと同等なことはもう少し早い時期から解明されていた．前に述べた Γ 上の ↗ 方向と ↖ 方向のみに動く軌跡の空間 W に戻る．そのとき，任意の k に対して

$$X_k(w) = \begin{cases} 1, & w\,(k-1) \text{ から右上，すなわち ↗ の方向へ動くとき,} \\ 0, & w\,(k-1) \text{ から左上，すなわち ↖ の方向へ動くとき,} \end{cases}$$

とおく．(n,k) に到達する $w \in W$ はすべて同じ確率の重み $h(n,k)$ をもつ．任意の n 文字の置換 π に対して，$X_{\pi(1)}(w), X_{\pi(2)}(w), ..., X_{\pi(n)}(w)$ は同じ大きさの確率の重みをもつ．無限の長さの確率変数列 $X_1, X_2, ..., X_n$, ... は，任意の n に対して $(X_{\pi(1)}(w), X_{\pi(2)}(w), ..., X_{\pi(n)}(w))$ が同じ大きさの確率の重みをもつとき，交換可能な確率変数列と呼ばれる．このような確率変数列はド・フィネティ(Bruno de Finetti)によって考えられ，次の性質が彼の名前のついた定理として知られている[42, 279].

「$\{0,1\}$ の値をとる交換可能な無限の長さの確率変数列 $X_1, X_2, ...,$ $X_n, ...$ を考える．このとき，任意の n と $k=1,2,...,n$ を固定すると，$\varepsilon_1, \varepsilon_2, ..., \varepsilon_n$ が $\{0,1\}$ の値をとり，ちょうど k 個だけ 1 の値をとるとき，$[0,1]$ 上の確率測度 μ が存在して

$$P(X_1{=}\varepsilon_1, X_2{=}\varepsilon_2, ..., X_n{=}\varepsilon_n) = \int_0^1 h((n,k);b)\mu(db)$$

と表される.」

このことと数列 $c(n)$, $n=0,1,...$ が完全単調のときにハウスドルフの定理が成り立つことが同じ主張であることは，Γ 上の軌跡から無限交換可能な確率変数の構成を逆に進むことができることに注意すれば容易に分かる．このことについては 1939 年のヴィル(Jean Ville)の著書で注意されている[284, V.3 節，101-103 頁]．さらにここでは上に現れる確率測度の意味なども述べられている[279, Vol. 2].

4.6　ビュフォンの針

情報技術の想像を超える飛躍的な進歩にともない，偶然事象の解明に膨

大な実験の資料を用いるシミュレーションと呼ばれる方法が広く用いられている．たとえば図 4.1，図 4.2 はその方法を用いて作られている．この方法は，素朴な形であるが，3.1 節で述べたように，広い分野で活躍したビュフォンの次の考察から始まると言われている(図 4.4)．

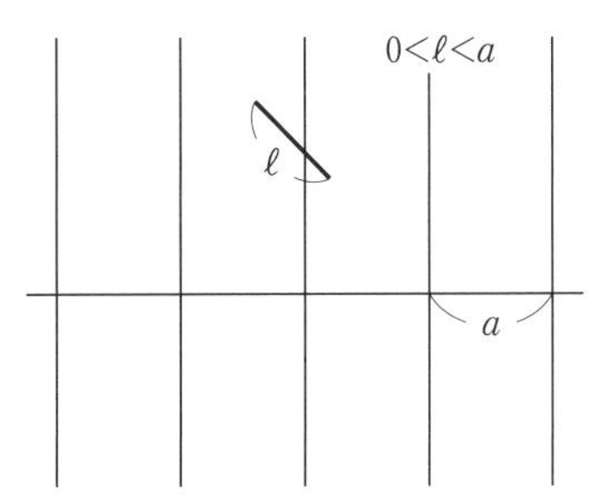

図 4.4 ビュフォンの針の実験．

“平面上に平行線を一定間隔 a で無限本数引く．高いところから長さ ℓ $(0<\ell<a)$ の針を “でたらめ” に落としたとき，針が平行線のいずれかと交わる確率はいくらか？”

ここで “でたらめ” の意味が問題になるが，十分高いところから針を落とすと考えるとよいだろう．針の中心を O とする．O と一番近い平行線との距離を X とし，落ちた針と平行線の方向との角を Y とする．X と Y が分かると針と平行線との交わり具合が決まる．ただし，X も Y も，硬貨投げやサイコロの場合のように有限の値をとるのではなくて，X は $\left[0, \dfrac{a}{2}\right]$ の値を，Y は $[0, \pi]$ の値をとる．

ここで針の落とし方から，X は $\left[0, \dfrac{a}{2}\right]$ のどの値も同じ程度に取り得るし，Y は $[0, \pi]$ のどの値も同じ割合で取り得ると考えられる．しかも，X と Y がどの値をとるか関係ないと考えるのが自然である．

このことを念頭に置くと，この問題をきちんと決めるためには，古典的な確率の考え方の枠を乗り越えて，4.1 節で述べた枠組みが必要になる．その枠組みにそって，もう少し詳しく見ると，次の形になる．

最初に考えた針をでたらめに落とすということを，次のように言い換える．X は $\left[0, \dfrac{a}{2}\right]$ に値をとる一様分布をしていると考え，Y は $[0, \pi]$ に値をとる一様分布をしていると考える．しかも，X と Y は無関係に分布していると考えることができる．すなわち，“独立” である．

したがって，X と Y の確率分布の密度関数を，それぞれ $p_X(x)$, $p_Y(y)$ とすれば，(X,Y) は $\left[0, \frac{a}{2}\right] \times [0,\pi]$ の値をとり，その確率分布の密度関数 $p_{(X,Y)}(x,y)$ は

$$p_{(X,Y)}(x,y) = p_X(x)p_Y(y) = \frac{2}{\pi a}$$

となる．

針がどれかの平行線と交わるのは，$0 \leqq X \leqq \frac{\ell}{2}\sin Y$ のときである．いま，

$$A = \{(x,y)\ ;\ 0 \leqq x \leqq \frac{\ell}{2}\sin y\}$$

とおけば，$(X,Y) \in A$ となる確率を求めれば針がどれかの平行線と交わる確率が分かる．これまで考えたことから，この確率は

$$\int_A p_{(X,Y)}(x,y)dxdy = \frac{2\ell}{\pi a}$$

となる[103, 302-307 頁]．

上の式の左辺を p とすれば，$p = \frac{2\ell}{\pi a}$，すなわち，$\pi = \frac{2\ell}{pa}$ となる．ℓ と a は既知であるので，何回も何回も針を落とし，その中で針が平行線のいずれかと交わる回数と実験の回数との比をとれば，大数の法則により，この値は p に近づく．このことは，上の式を用いると π に近づく近似値が実験を多数繰り返して得られることになる．これは “モンテカルロ法” と呼ばれている方法の原理を示している[103, 303-304 頁]．

このように “ランダム” または “偶然的” ということの初等的な理解の仕方は応用分野で現在も用いられている．たとえば，分子レベルで考えて，専門書ではなく一般向けの解説書である[188]の 133 頁には，ある表面を分子が移動する平均距離を求めるために，ビュフォンの針の考え方を用いる話が出てくる．また，数理生物学の論文の中には，蟻がビュフォンの針の考えを用いて巣の面積を評価していると述べているものがある[181]．

第5章 ブラウン運動

5.1 ウィナーの登場

1 μm 程度の大きさの微粒子の偶然的な動きについての考察は，これまで順次述べてきたように，ルクレティウスから始まり，レーベンフック，ブラウン，アインシュタイン，ペランと 2000 年にわたって，たゆまなく続けられた．これらの話が数学にたどり着くための最後の扉を開けたのは，20 歳代後半の若者，ウィナー(Norbert Wiener)である．この若者のために時代は燦々と輝く 3 カ所に設けられた灯台を用意していた．その第一はルベーグが 1902 年に作り上げた測度の概念である[166]．次はアインシュタイン，スモルコフスキーなどの微粒子についての理論物理学的研究である[53, 256]．最後は，ペランによる精密な実験に裏打ちされた，粒子の描く軌跡の精密な観察である[219]．

ウィナーがブラウン運動の研究にたどり着くまでの様子は，彼の自伝的な本に詳しく述べられている[295, 296]．ブラウン運動に直接の関係はないが，初めに彼がどのように教育を受け，どのようにしてブラウン運動にたどり着いたかをたどりたい[295]．併せて，このことより，ウィナーが成長していく頃のアメリカ数学界の今と違う状況を知ることができる．

彼の自伝の序言の 1 行目は「十二歳未満でカレッジに入学し，十五歳たらずで学士の称号を得，十九歳未満で博士号を得た」と続いている．彼の早熟さのためにおこる騒ぎを恐れた彼の父は，ハイスクールを終えた彼に直接ハーバード大学でなく，まずタフツ・カレッジに進み，その後にハーバード大学の大学院で学ぶことを勧めた．彼は，カレッジでは生物学など広い範囲の課題に関心を持ち学んだが，数学を学んだ学生として卒業し，その後はハーバード大学の大学院で学んだ．彼はそこで多くの分野について学んだが，それらの一つとして数学の基礎的理論に強い関心を持った．1913年からはケンブリッジ大学とハーバード大学の協定を利用し，ケンブリッジ大学のラッセル(Bertrand Arthur William Russell)のところで研究を行うことになった．数理論理と数理哲学を専門とする者は数学それ自身を知っておくほうが好ましいというラッセルの助言に従って，多くの講義に出席し数学の諸課題を学んだ．当時ケンブリッジには，ハーディやリトルウッド(John Edensor Littlewood)たちがいた．ハーディのコースは数学の論理の基本から始めて，集合論，ルベーグ積分論，関数論の論理的基礎に進むもので，ウィナーの自伝によれば，彼はかつてアメリカで学んだものとハーディの明快な話との違いを強く感じている[295]．

ラッセルがハーバードに招かれケンブリッジを不在にした期間，彼の勧めでウィナーはゲッチンゲンに滞在し，ランダウ(Edmund Georg Herman Landau)の群論とヒルベルト(David Hilbert)の微分方程式のコースに出席している．ヒルベルトは整数論から代数へ，積分方程式から数学基礎論へと議論を進め，既知の数学の大部分を含んだ話を行った．ウィナーはこのコースの話に深い感銘を受けたと自伝で述べている[295, 鎮目訳, 221頁]．

ケンブリッジやゲッチンゲンで数学の基礎的な話についても豊かな素養を身につけてハーバードに帰ったウィナーは，それまで続けてきた数学の論理的な側面だけでなく数学全般の研究を志した．その頃ハーバード大学のオズゴッド教授が彼に紹介してくれたのが，マサチューセッツ工科大学(MIT)の数学教室の職である．1919年，25歳の頃，工学を志す学生への講義を始める．当時MITの数学教室は現在と違って，創造的な研究より，学生が技術者になるために必要な数学の講義を行うことが中心的な仕事であった．ウィナーも学生増員のため必要な要員として採用された．ただ，教室の主だった人たちは将来，より研究の雰囲気を強めることを望んでいた．ウィナーに対してもそのことが期待されており，彼自身もそのことを望み研究を始めた．似たような事情は，その時代より40数年後の高度成長期に日本の多くの大学で見られた．

ウィナーに，パリを中心とする解析学の20世紀初頭からの近代化について，ヨーロッパ滞在の間に学ぶ機会があったことは先に述べた通りである．さらに，その他個人的にも，数学の研究を目指していた知人の形見の蔵書を通して多くのことを学んだ[295]．その流れの一つが，ルベーグの意味の測度をユークリッド空間ではなく，連続関数の空間で考えるきっかけになった．

コルモゴロフの言うように，数学の流れには二つの傾向が見られる[99]．その一つの流れは，現実の世界から抽象化され，数学の枠組みに取り入れられた構造から出発して新たな数学の枠組みが生まれる．多くの数学の発展がこの形で行われる．もう一つの流れは，現実世界の構造から直接抽象化して新たな構造が生まれ，数学の新たな一つの骨格を形成していく流れである．ウィナーが目指したのは，この二つ目の流れである．ここで彼の脳裏に浮かんだのは，アメリカが生んだ偉大な科学者ギブス(Josiah Willard Gibbs)が自ら切り開いた統計力学の業績である．ウィナーは連続関数(曲線)の集まりについての平均の考えを見つける．数学でも曲線の最大，最小という点の話から，2点の最短距離など，曲線の話も出てくるが，曲線の集まりの究明は道半ばで，その解明の全面的な発展は20世紀に残されているとウィナーは考えていた[296, 邦訳18頁]．これらの発展にギブスの考えが生かされるのではと考えた．

まずウィナーが行き着いたのは，イギリスのテイラー(Geoffrey Ingram Taylor)らが進めていた乱流の研究であった．そこには曲線の集まりについて平均をとる考えはあったが，構造が複雑すぎた．そこで彼はより簡明な典型を求めて，第3章で述べたアインシュタインやペランのブラウン運動の解明の話に到達した．彼が直面した問題は，0より出発した連続関数の空間 W を考え，任意の正整数 n と任意の点列 $0<t_1<t_2<\cdots<t_n$ に対して $(w(t_1), w(t_2), ..., w(t_n))$ の確率分布の密度関数が

$$g(t_1, 0, x_1)g(t_2-t_1, x_1, x_2)\cdots g(t_n-t_{n-1}, x_{n-1}, x_n)$$

となる確率測度が「存在するか？」ということである．ここで，g は2.2

節で述べた熱方程式の基本解である．前に述べたように，t, y を固定するとき，$g(t, x, y)$ は普通よく使われる言葉で言えば，分散 t，平均 y のガウス分布の密度関数である．

大胆な言い方をすれば，アインシュタインが微粒子の運動を熱方程式で捉えたのに対し，ウィナーは無限次元である連続関数の空間上の確率測度として捉えたことになる．

先に述べた関係式を見ると，任意有限個の各時点の分点間の増分を見れば，これらは独立で，ガウス分布に従っている．直観的に粗っぽい言い方をすれば，そのような測度の存在は明らかなように見える．しかし，比喩的に言えば，次のような話とつながっている．直線上の系列 μ_n を密度関数が $[n, n+1)$ 上で 1 で他では 0 であるものとする．ここで $n \to \infty$ とすれば，μ_n は無限の彼方に消えていく．この自明な例から分かるように，この種の話は数学としては微妙な議論が必要なものである．

ウィナーは MIT の 1 年目にこれらの研究に取り組んでいる．彼は 1920 年代に 5 編の論文を発表しているが，その中でもとくに注目されるのは，ウィナーの “Differential space” と呼ばれる 1923 年に発表されたものである．通常，「目的の測度」の最初の構成はこの論文によると言われている[298]．しかし，これらは極めて難解で，内容を確かめようとした多くの人を悩ました．ウィナーの選集[297]にはこれら 5 編の論文とそれらに対する伊藤清による解説が含まれている．その解説で，伊藤は修正を除けば，現在到達した一般論の視点から見て，ウィナーは目的の測度の構成に確かに成功していると述べている．それによれば，ウィナーが目的の測度の構成に成功したのは，この測度があるコンパクトな部分集合にほとんど集中していることに注意したからである．この性質は今日緊密性(tightness)と呼ばれている，プロホロフ(Yuriĭ Prokhorov)により導入された概念に通じている([228]，後述)．ウィナーは当時ブラウン運動の研究に興味を持っていたパリの研究者，たとえばレヴィ(Paul Lévy)の研究に注目しながら，独自の考察を進めている．

これまで形式を整えた数学の話は避けてきた．しかし，ウィナーが目指している，曲線の集まりで偶然の話を進めるためには，有限次元のユークリッド空間で見られる特性が曲線の集まりの中でどれだけ見られるかを確かめる必要がある．そのために必要な最小限の数学的準備を次に始める．

時間区間を半直線に広げて考えることは数学としては難しいことではないので，まず考える時間区間は有限な区間 $[0, T]$ とする．

$$W^d = \{w : [0, T] \to \mathbf{R}^d ; w \text{ は連続, } w(0) = 0\}$$

とおく．ただし，紛らわしくないときは W^d を単に W と書く．任意の $w_1, w_2 \in W^d$ に対し，$\rho(w_1, w_2) = \max\{|w_1(s) - w_2(s)|;\ 0 \leqq s \leqq T\}$ とおけば，ρ は $\rho(w_1, w_2) \geqq 0$, $w_1, w_2 \in W^d$ で次の 3 条件をみたす：

(i) $\rho(w, w) = 0$, $w \in W^d$．逆に $\rho(w_1, w_2) = 0$ ならば $w_1 = w_2$．

(ii) $\rho(w_1, w_2) = \rho(w_2, w_1)$．

(iii) 任意の 3 点 w_1, w_2, w_3 に対し $\rho(w_1, w_3) \leqq \rho(w_1, w_2) + \rho(w_2, w_3)$．

したがって，ρ はユークリッド空間の距離と同じ性質を持っている．すなわち，組 (W^d, ρ) は，数学で一般的に導入された距離空間の公理をみたしている．さらに，距離の定義の仕方から，$\mathbf{R}^d$ と同様に，W^d は距離空間で完備可分と呼ばれる性質をみたしている．なお，本書ではすでに 2.3 節で，$T=1$ の場合を取り扱っている．この完備可分性が，W^d で測度の話をするとき極めて重要な役割を果たしている．これらの詳細はここでは省略する．W^d には距離 ρ から導かれる開集合や閉集合の概念が定義されているので，W^d のすべての開集合を含む最小の σ-加法族 $\mathscr{B}(W^d) = \mathscr{B}$ を考える（σ-加法族については 4.1 節参照）．これは通常 W^d の上の位相的 σ-加法族と呼ばれる．また，この $\mathscr{B}$ は次のようにも特徴づけられる．任意に時刻の系列

$$0 < t_1 < t_2 < \cdots < t_n \leqq T, \qquad B_1, B_2, ..., B_n \in \mathscr{B}(\mathbf{R}^d)$$

をとり，

$$\begin{aligned} B &= B(t_1, t_2, ..., t_n) \\ &= \{w \in W^d\ ;\ w(t_1) \in B_1,\ w(t_2) \in B_2,\ ...,\ w(t_n) \in B_n\} \end{aligned}$$

の形をした W^d のすべての部分集合を含む最小の σ-加法族が $\mathscr{B}$ である．ただし，$\mathscr{B}(\mathbf{R}^d)$ は $\mathbf{R}^d$ の上の位相的 σ-加法族，すなわち $\mathbf{R}^d$ のすべての開集合を含む最小の σ-加法族とする．

このようにして，第4章で述べたルベーグの考えた枠組みが用意される．そこで，組 $(W^d,\mathscr{B})$ 上の確率 P を考える．すなわち，写像 $P:\mathscr{B}\to\mathbf{R}$ で次の3条件をみたすものを考える．

(P.1) 任意の $B\in\mathscr{B}$ に対して $0\leqq P(B)\leqq 1$.

(P.2) $P(W^d)=1$.

(P.3) $\mathscr{B}\ni B_1,B_2,\ldots,B_n,\ldots$ でかつ，任意の $i\neq j$ に対し $B_i\cap B_j=\emptyset$ ならば $P\left(\bigcup_{n=1,2,\ldots} B_n\right)=\sum_{n=1,2,\ldots} P(B_n)$ (可算加法性).

このような確率 P が次の性質をみたすとき，P は d 次元ウィナー測度と呼ばれる．簡単のため，多くの場合，単にウィナー測度と呼ぶ：先に定めた集合 $B(t_1,t_2,\ldots,t_n)$ に対し

$$
\begin{aligned}
&P(B(t_1,t_2,\ldots,t_n))\\
&\quad=\int_{B_1} g(t_1,0,x_1)dx_1\int_{B_2} g(t_2-t_1,x_1,x_2)dx_2\cdots\\
&\quad\quad\times\int_{B_n} g(t_n-t_{n-1},x_{n-1},x_n)dx_n.
\end{aligned}
$$

ただし，$g(t,x,y)=e^{-|x-y|^2/2t}/\sqrt{2\pi t}^{\,d}$ とする．ここで，$|x-y|$ は x と y の $\mathbf{R}^d$ における距離である．この関数 g は前に同じ記号で表したものの一般化である．この場合も，1次元のときと同様に，$\mathbf{R}^d$ 上の熱方程式の基本解と呼ばれるものになっている．$(W^d,\mathscr{B})$ の上でウィナー測度を考え，$w\in W$ を運動の軌跡と考えるとき，その運動をブラウン運動と考える．この運動はしばしばウィナー過程と呼ばれている．

先に注意したように，問題は $(W^d,\mathscr{B})$ 上にこのような特性を持つ測度が実際構成できるかということである．

この解決は，ウィナーの時代では非常に深い独創性が必要なことであった．ウィナーはペランが指摘した，ブラウン粒子の運動の軌跡は各時刻で微分不可能なような関数になっていることに注意して，この困難を乗り越えた．すなわち，求めるべき確率 P は W^d の中で各時刻で微分できないような関数という W^d の中の狭い集合の上に乗っていることを意識して，その存在が示される．

一般に完備可分距離空間の上の確率の系 $\{P_\lambda;\lambda\in\Lambda\}$ は，任意に与えられた $0<\varepsilon<1$ に対し，コンパクトな集合 K_ε が存在し，

$$P_\lambda(K_\varepsilon) > 1-\varepsilon, \qquad \lambda \in \Lambda$$

が存在するとき，一様に緊密(tight)であると呼ばれる．現在はこの性質を基礎にした一般論を用いてウィナー測度の存在が示されている[121, 160]．このように考えるのは現在の知識を用いて整理した結果であって，ウィナー自身は彼の固有な方法で，これらと本質的に同じ結果を乗り越えた．

これまで運動の時間係数の動く範囲は有限区間で考えてきたが，それを正の半直線にすることは，容易にできる．その場合は連続関数の空間 $W^d=\{w\colon[0,\infty)\to\mathbf{R}^d;\ w$ は連続, $w(0)=0\}$ をとり，そこでの距離を

$$\rho(w_1,w_2)=\sum_{n=1}^{\infty}(\|w_1-w_2\|_n\wedge 1)/2^n,$$
$$\|w_1-w_2\|_n=\max\{|w_1(s)-w_2(s)|,\ 0\leqq s\leqq n\}$$

とすれば，これまでと同様に話を進めることができる．これからは必要に応じて有限区間または正の半直線をとる．

これまで述べてきたように，紀元前のルクレティウスに始まる微粒子の運動の考察は2000年を経て，道案内人ペランに連れられて数学世界の門前に現れた．そして，門前で出迎えたウィナーに案内されて数学世界の人々の温かいもてなしを受けることになった．このように現実の課題から出発し，それらの極限状態として，豊かな対称性を持った抽象的枠組みが生まれてきた．ウィナーが早くから交流のあったフーリエ解析に関わった人々は言うまでもなく，関数解析と呼ばれる分野の創成に大きく貢献したバナッハも歓迎した一人らしい．カッツ(Mark Kac)は，アメリカに渡る前，まだポーランド(現在はウクライナ)のルヴフ(Lwów)にいたときに，バナッハがウィナーの論文を読んでいるのを見たと述べている[132]．

なお，ルヴフがブラウン運動について馴染み深い場所であることは3.2節で述べた通りである．その頃，ルヴフではシュタインハウスが20世紀初頭の確率論の近代化で活躍していた[139, 245]．

ブラウン運動が近年ますます大きな働きをしていることはよく知られている．たとえば，応用の話と関連する確率論の分野で活躍が広く知られて

いるダイアコニス(Persi Warren Diaconis)は，ハーディに関連する記念講演で，20 世紀の確率論の 2 つの大きな成果として，ブラウン運動とマルチンゲールについての研究を取り上げている[44].

他にも，ウィナーが学生のときから縁が深かったケンブリッジでフーリエ解析を進めている人たちは，ウィナーのブラウン運動についての成果に注目している．中でもリトルウッドとはウィナー測度導入の成功の鍵になった性質についての共同の論文がある．ウィナー自身は，1931 年ケンブリッジに招かれハーディに代わりフーリエ解析の講義をしているが，その内容はケンブリッジ大学出版局から出版され，この分野の代表的著書として名声を得ている[294].

一方，ブラウン運動の話の数学的論理の解明に早くから興味を持っていたレヴィは，自伝[173]で次のように述べている.

「私が摑むことができなかった機会の中でも，この関数 X(t) の発見を Wiener に譲ったことは，先駆者がいることによってその価値が減ずるとはいえ，最も後悔の念を残していることの一つである.」(95 頁)

「私は Wiener が 1923 年に発見することになっていた事実のすぐ近くをそうとは知らずに通っていたわけである.」(98 頁)

1923 年以降，レヴィはブラウン運動の軌跡の特徴の考察に独特の視点を提起し，その解明に尽力し，現在知られているブラウン運動についての結果の多くが彼の考えから出発している.

ウィナーのブラウン運動の基礎の解明はこれまでに述べたことだけにとどまらず，たとえばフーリエ解析に関連する話がペーリー(Raymond Edward Alan Christopher Paley)と共同の本[214]で論じられている．また，彼により同じ頃詳しく論じられている一般調和解析に関連することは，ガウス過程のエルゴード性につながる(丸山[184])．さらに，ガウス過程による偶然的情報の伝わり方は表現の問題として知られているが(レヴィ[171]，飛田[87])，これらは 1950 年頃のフーリエ解析の結果[137]に深く関わっている.

話が少し本筋から離れるが，ペーリーは 1907 年の生まれで，リトルウッドやハーディに師事し，奨学金を得てウィナーのもとで研究をしていたが，1933 年スキー事故で 26 歳の若さで突然この世を去った人である．[301]に，ウィナーによる心のこもる追悼の文章がある．彼の早逝はウィナーが指摘しているように数学の研究にとってかけがえのない損失であるが，とくに「偶然」に関わる研究にとっては計り知れないものがある．

ウィナーはあるときから数学の枠を越えて，偶然性をともなう広い分野の課題に取り組んだ．その頃から一般社会ではサイバネティクスと呼ばれる分野の創始者として広く知られるようになった．来日し福岡を訪ねた折は，九電会館の大ホールで満席の聴衆を相手に講演した．一方，その頃になっても，北川敏男の招きで訪れた九州大学の数学教室では少人数の学生に，当時貴重だった論文の別刷を配りながら話すという一面も見せていた．

5.2 偶然性と軌跡の不規則さ

図 4.1 は時間軸を横に，空間軸を縦にとった酔歩による 1 次元ブラウン運動のシミュレーションである[103]．ここで，軌跡の動きを見えやすくするために，同じことを 50 歩の場合に 5 回だけ行ったのが図 5.1 である．

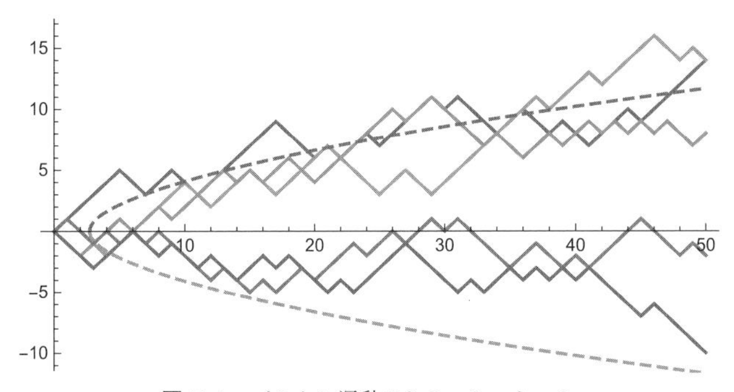

図 5.1 ブラウン運動のシミュレーション．

測度の系列が収束する場合も，その途中で成り立っていることでも，極限でどうなっているか分からないことが一般論として知られている．また，上に述べたことはあくまで近似の話であるので，これらだけから極限についての法則を数学の言葉で述べることはできない．しかし，このシミュレーションから直観的に示唆されることは多い．まず感じられることは，標本数を図 5.1 の場合から図 4.1 の場合のように増やしても，4.3 節で述べたように(ほとんどすべての)標本の描く図形がある固定した曲線に囲まれた領域に収まっていることである．次に際立ったことは，各標本は各時刻で上下に非常に微小な振動を繰り返していることである．したがって，各曲線は到底微分できるものではない．3.3 節で述べたように，同様なことは，精密な実験の結果をもとにペランも指摘している．

ウィナーはこのことに留意してブラウン運動に対応する測度を導入したが，それにとどまらず，以前から交流があったケンブリッジのペーリーやジグムント(Antoni Zygmund)らとブラウン運動が閉じ込められている場所についての考察を続けている[215]．この流れに飛躍的な前進をもたらしたのはチュン(Kai-Lai Chung)-エルデシュ(Paul Erdös)-白尾の成果である[30]．もう少し具体的に言えば次のようになる[251]．

まず言葉の準備をする．レヴィに従って，上級，下級の考え方の説明から始める[169]．確率論では次の言葉が慣習的に使われている．ある事象を A で表す．A の確率が 1 のとき "ほとんどすべての場合に" 事象 A が起こり，A の確率が 0 のとき "ほとんどすべての場合に" 起きないという．$\lim_{t\downarrow 0}\varphi(t)=0$ をみたす正値の関数 φ を考える．関数 f は次の条件をみたすとき，φ に対してリプシッツ条件をみたすという．

$$\varepsilon>0 \text{ が存在して，} |t-t'|<\varepsilon \text{ ならば } |f(t)-f(t')|<\varphi(t-t').$$

これからは話を簡単にするために 1 次元のブラウン運動のみを考える．単調増大関数 ψ に対し，$\varphi(t)=\psi\left(\frac{1}{t}\right)\sqrt{t}$ とおくとき，ブラウン運動 $B(t)$, $0\leqq t\leqq 1$ がほとんどすべての場合に φ に関しリプシッツ条件をみたすならば，ψ はブラウン運動 B に関する上級に属するといい，ほとんどすべての場合に φ に関しリプシッツ条件をみたさないときに B に関する下級に属するという．記号では，それぞれの場合を $\psi\in\mathscr{U}^u$, $\psi\in\mathscr{L}^u$ で表す．このとき次の主張が成り立つ．単調増大関数 ψ に対し

$$\int^{\infty}\psi(t)^2 e^{-\frac{1}{2}\psi(t)^2}dt<\infty \quad (=\infty) \quad\Longrightarrow\quad \psi\in\mathscr{U}^u \quad (\psi\in\mathscr{L}^u).$$

具体的には次のことが知られている．いま，$\psi(t)=C(2\log t)^{1/2}$，とお

けば，$C>1$ または $0<C<1$ に応じて，$\psi\in\mathscr{U}^u$ または $\psi\in\mathscr{L}^u$ となる．このことはレヴィの 1937 年の著書で示されている[169]．

このことから，多くの本に述べられている次のことが導かれる．任意の有限区間 I に関して

$$P\left(\limsup_{\varepsilon\downarrow 0}\frac{\sup_{t\in I}(B_{t+\varepsilon}-B_t)}{(2\varepsilon\log 1/\varepsilon)^{1/2}}=1\right)=1.$$

ここで重要な点は，上級，下級の判断が，個々の関数の形によって判断されることではなく，その関数に関するある特定の積分の収束，発散で判断されることである．話を少し広げてみると，数学では，いろいろな分野に級数の和や積分の収束，発散で違う結論になる話が見られる．たとえば，ウィナーの自伝[295]に次のような一文がある．

「一般化されたディリクレ問題の解が，古典ポテンシャル理論で要求されている連続の条件を満足することを，個々の場合にどうすれば確めることが出来るかということである．」(290 頁)

「その頃，偉大な数学者ボレルが，準解析函数という題目のもとに，次々と論文を発表していた．ボレルの研究の画期的な点は，問題が数の大きさでなしに，級数の収斂，又は発散に関係あるようにしたことであった．この考え方が私に示したことの一つに，ポテンシャルの函数の境界上にある特異点の私の問題の解は，初期の研究に試みられたような，ある数の決定でなしに，級数の形が役立つかも知れぬ」(290–291 頁)

ここにウィナーによって述べられていることは，実際，伊藤-マッキーン(Henry P. McKean, Jr.)の著書でブラウン運動の言葉を用いて，次に述べるボレル-カンテリの補題を利用し級数の発散，収束の形で実現されている[124, 第 7 章]．

このようにして，ウィナー測度の住みかは，ブラウン運動の軌跡の不規則さの度合を表すために用いられる関数に関連した積分の発散，収束で決まることが示された．このことは，大筋として，ボレル-カンテリの補題の考えの流れにそっている．この補題は第 4 章で述べた確率論の現代的枠組みにそった多くの著書で取り上げられている．たとえば[116]の

13 頁で取り上げられている．その内容は次のように 2 つに分かれている．いま偶然事象を表す(可測な)集合列 $\{A_n\}$ があるとき，次の 2 つの場合が考えられる：

(a) $\sum_n P(A_n)<\infty$ ならば，事象 A_n，$n=1,2,\ldots$，が無限回起こる確率は 0 である．

(b) $\{A_n\}$ が互いに独立で，$\sum_n P(A_n)=\infty$ ならば，事象 A_n，$n=1,2,\ldots$，が無限回起こる確率は 1 である．

この補題を具体的な問題に応用するときは，(b)の独立性をみたすように選ぶことができないことが多い．そのため，広く名前の知られた人たちがこの(b)の部分改良に取り組んでいる．チュン-エルデシュは，1950 年代に，ブラウン運動の軌跡の不規則性の解明を目指して(b)の部分改良に取り組んでいた．その話が京都大学に滞在中のマッキーンから伊藤に伝わり，さらに伊藤から白尾恒吉に伝わったのが，3 人連名の論文[30]が生まれるきっかけであるという話が伝わっている．ここで用いられた考えは，ブラウン運動に対する話だけでなく，広い範囲のガウス過程，すなわち任意有限個の時刻の点の軌跡の散らばりがガウス分布の場合に有効に利用できることが知られている．このことについては，たとえば白尾[251]に詳しく紹介されている．

上の結果は，連続な時間係数の変化に応じて瞬間瞬間に偶然的要因が働く，連続な運動の軌跡に関するものである．このことは，酔歩で観測の時間間隔を 0 に近づけるときの運動の確率法則がウィナー測度に近づくときの様子の考察と違う話である．極限は数学の抽象的枠組みの中で捉えられる理想像で，数多くの対称性を持っている．現在，数学ではブラウン運動についての多くの研究は，この理想像を出発点として行われている．ウィナーは大胆に，ユークリッド空間上の点の関数に関する解析から，ウィナー測度を付加した空間上の曲線を変数とする関数についての解析への移行が始まると述べている．

数学の広い分野で極限として得られる抽象的なものと，途中の近似で知ることのできるものの違いは広く認識されている．このことは数学の枠を越えて文化の中にすら浸透している．たとえば，ロシアの文豪トルストイ(Lev N. Tolstoi)の『戦争と平和』には次の一節がある．そこには，当時

の数学から生まれた考え方が述べられている．たとえば，

「運動の単位をしだいに小さくしてゆくことによって，われわれは問題の解決に近づいてゆくだけで，ぜったいにそれに到達することはない．…数学の新しい分野は，無限小の数値をあつかう方法を発見し，いまでは他のもっと複雑な運動の問題においても，解決不能と思われた問題に解答をあたえている．」[276, 406-407 頁]

トルストイは 1828 年の生まれであるが，彼が活躍した時代の 19 世紀後半の数学は，すでにリーマン(Georg Friedrich Bernhard Riemann)やワイエルシュトラスの成果を得ていて，無限小や連続などの概念を駆使しながら発展していた[145]．

5.3　フーリエ解析は偶然の語り部になれるか？

フーリエ展開が熱伝導の考察に用いられた当初の頃，誰もがフーリエと同意見であったわけではない．しかし，今日ではフーリエ展開の有用性に疑いを持つ人はいないだろう．実際，フーリエ展開は科学や技術の多くの分野で広く用いられている．微粒子の動きは，アインシュタインが示したように，熱方程式で特徴づけられる．したがって，この運動の解明に関してはフーリエ展開は大きな役割を果たす．これに対し，ペランが言うように，同じ現象を乱雑な動きをする軌跡に注目して考察するときもフーリエ展開は有効かというのがここでの問題である．

話を一般的に進める前に，シミュレーションを見てみよう．

図 5.2 は[103]の冒頭にあるもので，具体的には次に述べる関数列による展開を用いている．

$$\phi_{1,0}(t) = \begin{pmatrix} t \\ 0 \end{pmatrix}, \qquad \psi_{2,0}(t) = \begin{pmatrix} 0 \\ t \end{pmatrix},$$

$$\phi_{1,n}(t) = \begin{pmatrix} \cos 2n\pi t - 1 \\ \sin 2n\pi t \end{pmatrix} / 2n\pi, \quad \psi_{1,n}(t) = \begin{pmatrix} \sin 2n\pi t \\ -\cos 2n\pi t - 1 \end{pmatrix} / 2n\pi,$$

$$\phi_{2,n}(t) = \begin{pmatrix} \cos 2n\pi t - 1 \\ -\sin 2n\pi t \end{pmatrix} / 2n\pi, \quad \psi_{2,n}(t) = \begin{pmatrix} \sin 2n\pi t \\ \cos 2n\pi t - 1 \end{pmatrix} / 2n\pi,$$

$$n = 1, 2, \ldots$$

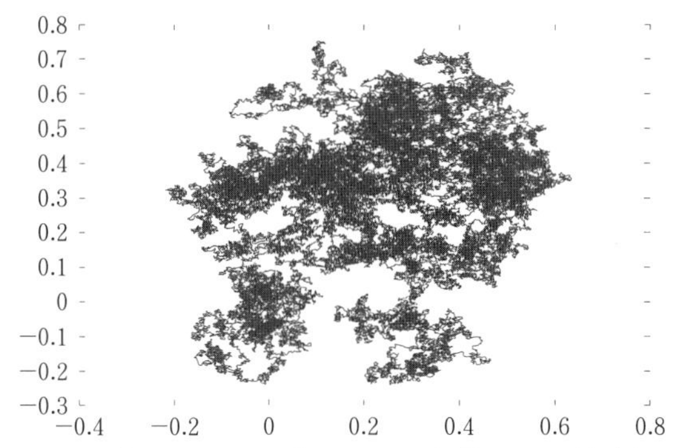

図 5.2 2次元ブラウン運動のフーリエ級数による近似(時間間隔=1/500,000，フーリエ級数の項数=50,000) [103, iv 頁].

次に，ある確率空間上に独立確率変数列 $\{X_{1,0}, Y_{1,0}, X_{j,n}, Y_{k,m}; j,k=1, 2, n,m=1,2,...\}$ で，各要素は平均0で分散1のガウス分布に従うものをとる．このとき，

$$X(t) = X_{1,0}\phi_{1,0}(t)+Y_{1,0}\psi_{1,0}(t)+\sum_{n=1}^{\infty}\sum_{j=1,2}\{X_{j,n}\psi_{j,n}(t)+Y_{j,n}\psi_{j,n}(t)\}$$

とおく．

ここで和を 5×10^5 で打ち切ったものを用いて行ったシミュレーションが上の図5.2である．この近似でとる項数は非常に大きいように見える．ところが，いま考えているのは，たとえば，水の分子の衝突で起こる水中の微粒子運動である．18グラムの水の中には1モルの分子が含まれている．その値はおよそ 6×10^{23} である．なお，この数値はアボガドロ数と呼ばれている．シミュレーションに用いる和には，できるだけ，振動の激しい，番号の大きい項を含むようにすることが大切である．この数値と比較すると，フーリエ展開を近似する項数は，一般に，ブラウン運動に関連する近似の話では，近似の度合にとくに注意する必要がある．

最もよく知られているのは，図4.2のように2次元酔歩を用いるものである．ブラウン運動のシミュレーションとして，これは時間の尺度を $1/n$，空間の尺度を $1/\sqrt{n}$ にして n を大きくしていくものである．図4.2の酔歩を用いるシミュレーションでも 5×10^5 歩の場合でようやくブラウン運動らしいものが得られる．前に述べたように3.3節のペランの実験で

も膨大な数の媒質の分子があらゆる方向から微粒子に衝突してブラウン運動の軌跡が生まれるので，このような大きな数が現れることは当然想像されることである．話は少しそれるが，偶然事象に関連することでは，このように大きな数は日常経験する話にも出てくる．たとえば，トランプの並べ方の数は52! であるので，10^{67} の約8倍に近い[104]．

図4.2と図5.2の二つが非常に似かよったものであることはほぼ明らかであろう．このことは偶然性を反映した確率変数列を係数とする滑らかな連続関数の和を用いて，ブラウン粒子の運動のような“偶然”を語る可能性を示している．

ド・モアブルやベルヌーイ以降の偶然にまつわる話には膨大な数に関連することが潜んでいる．このように考えると，先に述べた図5.2は，確率変数列を係数とする三角関数のような滑らかな連続関数の大量な和を用いて，ブラウン粒子の運動のような偶然を語る可能性を示している．このような考察は突如現れたものではない．その源は遠くボレルに遡る[21]．彼は証明なしにランダムなテイラー系列の収束問題を論じているが，この話に詳細な議論と最初の証明を与えたのはシュタインハウスである[259]．この成果は解析学で発展させられていたが，とくに，ウィナーは独立なガウス分布に従う確率変数列を係数に持つ三角関数の和を用いて，フーリエ解析の枠組みの中でブラウン運動の構成に成功した[214]．なお，この場合は，ガウス分布に従う2つの独立確率変数の和は再びガウス分布に従うという特性が大きな役割を果たす．

独立確率変数の無限列の概念は現在は広く知られていて，確率論や数理統計，さらに数学の枠の外でも，自由にこの言葉が用いられている．しかし，今から100年ほど前の1930年代にはルベーグ測度で皆に受け入れられるのは有限次元の場合であった．ウィナーは平均0，分散1のガウス分布に従う独立確率変数の無限系列を具体的に区間 $[0,1]$ 上に構成することから始めた．すでに4.1節で述べたように，定数の2進展開と対角線論法により，まず $[0,1]$ の値をとり，一様分布に従う無限独立確率変数列が求まる．このとき，ガウス分布の分布関数，すなわち $G(x)=\int_{-\infty}^{x}\exp(-\eta^2/2)d\eta/\sqrt{2\pi}$ の逆関数により $\mathbf{R}^1$ 上に写せば求める系列が得られる．

なお上の主張に述べた独立確率変数列 $\{X_n(x)\}$ で，各 $X_n(x)$ は平均 0，分散 1 のガウス分布に従うものの存在は，前に述べた通り，現在は一般的に証明するのが慣例で，確率論の本ではそのことは認めて話が始まることが多い．ここに述べた具体的な構成は，ペーリー-ウィナー[214]に従っているが，このことはこの本自身が，確率論というより，フーリエ解析を論ずるものであるために，確率論の一般的なことの引用ではなく，自己完結であることを目指したためと思われる．このような準備の後に，ペーリー-ウィナーは

$$tX_0(x)+\sum_{n=1}^{\infty}\sum_{k\in I(n)}X_k(x)\int_0^t 2^{1/2}\sin(k\pi u)du,$$
$$I(n)=\{k;\ 2^{n-1}\leqq k\leqq 2^n-1\}$$

が確率空間 $(S,\mathscr{B}(S),\mu)$ 上で t に関して一様に概収束し，すなわち，前の節で用いた用語で言えば，ほとんどすべての場合に収束し，ブラウン運動を定めることを示した．

これでウィナーたちは当初の目的を果たしているが，この結果はハント(Gilbert Agnew Hunt)により，次のように 2 重和の形ではなく単純和の形に改良されている[95]．そこでは，

$$tX_0(x)+\sum_{n=1}^{\infty}X_n(x)\int_0^t 2^{1/2}\sin(n\pi u)du$$

が確率空間 $(S,\mathscr{B}(S),\mu)$ 上で t に関し，一様に概収束することが示されている．

この話は，1953 年の段階で伊藤の本[116]に詳しく紹介されている．西尾の本[210]には，その前に必要な準備をして，この結果の証明が問題として提出されている．

これらだけでなく，応用でよく利用されているのは，1940 年レヴィが示した結果である[170]．ここの話の内容に直接関わることではないが，彼の自伝によれば，この結果がアメリカの雑誌に発表されているのはヨーロッパの戦争による混乱を恐れてのことである．彼は，前に述べた通り，ブラウン運動の数学的基礎を確立することではウィナーに後れをとったが，その後もブラウン運動の特性の研究を続け重要な結果を得ている．こ

の論文はその一つである．ここでは，そのハール関数列による展開がウェーブレット(wavelets，小さな波)展開と呼ばれることとの関連を考えに入れるために，少し形式的な数学の内容の話になるが，スティール(John Michael Steele)により整理された形で紹介する[258]．まず，基本ウェーブレットと呼ばれる，

$$H(t) = \begin{cases} 1, & 0 \leqq t < \dfrac{1}{2}, \\ -1, & \dfrac{1}{2} \leqq t \leqq 1, \\ 0, & \text{その他} \end{cases}$$

を考える．各 n に対し $H_n(t)$ を次の形で定める：

$$\begin{aligned} &H_0(t) = 1, \\ &H_n(t) = 2^{j/2} H(2^j t - k), \quad n = 2^j + k, \quad j \geqq 0, \quad 0 \leqq k < 2^j. \end{aligned}$$

この $\{H_n(t); n=0,1,2,...\}$ は「ハール関数」の系列と呼ばれ，区間 $[0,1]$ 上の 2 乗可積分関数の空間 $L^2([0,1],\mu)$ における完全正規直交系になる．ここで μ は先に考えた $[0,1]$ 上の一様測度である．この事実は，解析の講義など初等的な数学のときに例としてしばしば用いられるが，直接確かめることは容易である．実際，このことを示すには区間

$$[k2^{-j}, (k+1)2^{-j}]$$

の特性関数が $\{H_n(t); n=0,1,2,...\}$ の 1 次結合で表されることに注意すればよい．いま，この性質を見るためにはスティールの本に述べてあるように，

$$\begin{aligned} &j=0; \quad H_1 \\ &j=1; \quad H_2 \quad H_3 \\ &j=2; \quad H_4 \quad H_5 \quad H_6 \quad H_7 \\ &j=3; \quad H_8 \quad H_9 \quad H_{10} \quad H_{11} \quad H_{12} \quad H_{13} \quad H_{14} \quad H_{15} \end{aligned}$$

と並べてみると分かりやすい．同じ行にあるものは最初のものを平行移動したもので，それらはすべて異なる台，すなわち，その上で 0 にならない集合を持つ関数である．

次に，基本ウェーブレットとして関数

$$\Delta(t)=\begin{cases}2t, & 0\leqq t<\dfrac{1}{2},\\ 2(1-t), & \dfrac{1}{2}\leqq t\leqq 1,\\ 0, & \text{その他}\end{cases}$$

を考えて，ウェーブレットの系列 $\{\Delta_n(t);\,n=0,1,2,...\}$ を次のように定める：$\Delta_0(t)=t$ および

$$\Delta_n(t)=\Delta(2^j t-k),\quad n=2^j+k,\quad j\geqq 0,\quad 0\leqq k<2^j.$$

このとき，

$$\int_{[0,t)}H_n(u)du=\lambda_n\Delta_n(t),$$

$$\lambda_0=0,\quad \lambda_n=2^{-1-j/2},\quad n\geqq 1,\quad n=2^j+k,\quad j\geqq 0,\quad 0\leqq k<2^j$$

が容易に示される．そこで，$h_n(t)=\lambda_n\Delta_n(t)$ とおけば，シャウダー(Juliusz Pawel Schauder)関数の系列 $\{h_n(t)\}$ が得られる．そのとき，

$$\sum_{n=0}^{\infty}X_n(x)\lambda_n\Delta_n(t)$$

は，ほとんどすべての x に対して，t に関し一様に収束し，ブラウン運動を定める．

この収束は非常に速く，収束に関する証明も簡明になるので，多くの場合に利用されている(たとえば，[104, 10 章])．

なお，レヴィのこの結果はウェーブレット展開の古典と見なされている[5]．また，ウェーブレット展開と呼ばれる方法とブラウン運動の構成の関係の体系的な話はピンスキー(Mark A. Pinsky)による本にまとめられている[222]．ウェーブレット展開はイヴ・メイエ(Yves F. Meyer)らにより広く研究され，多くの応用の問題の考察に使われている．その他，ファインマン経路積分の数学的考察に関わる人たちによって広く用いられている[71]．

これまで個別に収束が考えられていると述べてきたが，これらを一括して示す次の結果が伊藤-西尾[125]で示されている．これまで通り，$S=[0,1]$ 上で，一様確率測度 μ を考えた確率空間 $(S,\mathscr{B}(S),\mu)$ 上で定義され

た平均 0，分散 1 のガウス分布に従う独立確率変数列 $\{X_n(x)\}$ を考える．また，$\{h_n(t)\}$ は有限区間 $[0,T]$，$T>0$ 上の 2 乗可積分関数の空間 $L^2([0,T])$ の正規直交基とする．そのとき，ほとんどすべての点で次の式の右辺は t に関し一様に収束する：

$$B(t,x)=\sum_{k=1}^{\infty}X_k(x)\int_0^t h_k(s)ds, \qquad t\in[0,1].$$

さらに，写像 $\phi\colon S\ni x\mapsto\phi(x)\in W^1$，$\phi(x)(t)=B(t,x)$，$t\in[0,1]$ を考えると，ϕ による μ の像測度が 1 次元ウィナー測度になる．すなわち，P を $(W^1,\mathscr{B}(W^1))$ 上のウィナー測度とすると，任意の $B\in\mathscr{B}(W^1)$ に対し $\mu\{\phi(x)\in B\}=P(B)$ が成立する．

このことは，プロホロフの緊密性という概念を用いて伊藤-西尾[125]により 1968 年に確立されたものである．一般次元のときも同様な話が証明できるので，これまで述べたすべての例について収束の問題がこの結果により保証されている．ペーリー-ウィナーの願望はフーリエの考えにそった形で達成されたことになる．このようにして，フーリエ解析は偶然の語り部としての地位を保証されたことになる．これらの話は，先に述べたピンスキーのフーリエ解析についての著書で欠くことのできない部分として紹介されている．

なお，時間区間が $[0,1]$ のときブラウン運動に対する測度が存在すれば，$[0,\infty)$ のときや $(-\infty,\infty)$ のときも存在することがブラウン運動の特性を用いて容易に示される．これからは断りなく，このことを用いる．

5.4　登場が少し早すぎたバシェリエ

ブラウン運動を語るとき，バシェリエ(Louis Bachelier)の名前を忘れることはできない．彼は 19 世紀の後半に生まれ，20 世紀の前半に活躍した人であるが，1900 年に発表した論文で，フランス国債のオプションの価格形成を説明する「投機の理論」の模型としてブラウン運動を使おうとした[7]．この動きは今日では金融工学の発展に結びつき，彼は経済学を学ぶ一部の学生によく知られている．

1900 年というのはアインシュタインの業績より早く，したがってこれまで述べたペランの業績も，ましてウィナーの業績も発表されていなかった．しかしながら，当時，ブラウンによる微粒子の運動の物理的特性の研究についてはヨーロッパではよく知られていた．たとえばバシェリエの学位審査を行ったポアンカレがその頃大きな国際物理学会でブラウン運動について講演している．

バシェリエは，硬貨投げから決まる偶然性を反映する酔歩の極限として得られる運動(後年ウィナーがその存在を厳密に示したブラウン運動に相当するもの)を前提にして，その性質の解明と投機理論への応用を試みた．当時，中心極限定理の研究は成熟期を迎えており，それらにかかわる研究者は表には出さないが，そのような極限として得られる理想状態を考えていたと思える．しかし，その理想化した極限の数学的構造を考察してはいない．この点でバシェリエは有限次元の極限定理だけにこだわる束縛から離れて飛躍した人であり，大いに評価されるべき側面を持っている．その点を評価して「数学的ブラウン運動」の創始を彼に求める人もいるが，それは当を得ていない．ブラウン運動について彼が捉えたものは，酔歩の法則の極限として捉えられるものに限られており，理想像として得られる極限の運動の全体像とは言えない．それを基礎にして数学を展開する基盤にはなり得なかった．当時，ブラウン運動に興味を持つ人が抱くであろう，思考実験から得られる像を表に出して議論を展開する大胆さを持っていたが，その段階でとどまっている．ただ彼が対象に選んだ問題の特質から，その後に理論の中に登場する数多くの問題を議論することができた．それらについての議論は不正確なところや論理の飛躍も多いが，現在から見ても興味深いことも多い．それらを考慮してもブラウン運動の創始者とは言い難く，ブラウン運動の誕生はウィナーの登場を待たねばならない．彼はすくすく伸びている「数学の芽」を見つけたが数学に育てることはできなかった．

むしろ，バシェリエの功績の第一は物理的な特性につながる問題ではない「投機の理論」をブラウン運動が有効に働く対象と考えたことである．前に述べたラプラスがあげているように，確率の考えを用いて研究する対象としては，これまで述べてきたギャンブルや微粒子の運動のように，物理的な特性，統計的な特性を持つもの以外でも考えられてきた[165]．それらの中には，帰納関数を用いて，数学の言葉で語ることができる対象も含まれている．さらにフェラー[60, 11 頁]で述べられているように「多分この本は失敗作であろう」などといった判断につながるものもある．この種のものはブラウン運動などを扱う確率論とは違うが，それ自身は数学の目的にもなり得るかもしれないとして，フェラーは文献としてクープマン(Bernard Osgood Koopman)の論文をあげている[156, 157]．

社会現象や社会科学の中に現れる「偶然」としては，このようなものから，ブラウン運動のような統計的考えを背景にできそうなものまで幅広く考えられる．その中でも，最も物理的構造と似た特性を持つかもしれないと考えられているのが，高度に発達した資本主義社会の経済現象である．とくに，株価のような経済指標の変動はその代表的なものと考えられている．実際，前世紀の後半，アメリカではそのような考えに立つ経済学者が多くノーベル経済学賞を取り続けて，今日では数理ファイナンスの理論と呼ばれるものが形成され，理論だけでなく，実際の経済政策や市場の運営に影響を及ぼすところまで来ている．このような流れの発端を見つけたのがバシェリエである．今日ファイナンスの理論の数学に関係する部分は，確率解析と呼ばれるブラウン運動の話を基礎とする理論を用いて体系的に展開され，多くの本が出版されている(たとえば[242]参照)．

バシェリエの成果に弱点が生まれた理由の第一は，それが発見されるのはルベーグの成果が現れる少し前で，ルベーグの成果を利用できなかったことである．その意味で連続関数の空間で確率を論ずるための枠組みを確立できなかった．したがって，その構造を論ずるための論理のよりどころに常に弱点があり，不正確な推論を多く含んでいた．レヴィは自伝で次のように述べている[173, 95 頁]．

「1900 年に出た Bachelier の論文が注意をひかなかったとしても，それは一つには皆がそれに同じ関心を持っていなかったためであり(このことは 1912 年に印刷された彼の大部な「確率論」についてはなおのことその感が深い)，また他方では彼のはじめの定義が不正確であったためである．…私自身は Bachelier のはじめの部分の誤りにたまげて，彼の論文はこれ以上読んでも仕方がないと思った．しかし Kolmogorov が前に述べた 1931 年の彼自身の論文の中で Bachelier を引用したので，私はそのときはじめの判断が正しくなかったことを痛感したのであった.」

なお，ここに出てくるコルモゴロフの論文については次章 6.1 節で述べる[148]．その中で彼は一節をバシェリエの成果に割いている．

バシェリエ[7]に論理的な弱さがあるもう一つの理由は，彼の目標である投機の理論を展開するにはケルビンの反射原理や，ある時間区間における軌跡の最大値の確率分布などを論ずる必要があるためである．これらを現在の数学に要求されている厳密さで論ずることは容易なことではない．それは単に測度論の枠組みがあるかどうか以上のことである．連続時間の場合は離散時間の場合とは比較にならない困難があり，それらの基礎が厳密に確立したのは 1950 年代になってからである．これらは，次章の話に出てくる強マルコフ性に関係している．

これらの欠点を持ちながらも，今日この論文が重視されるのは，その目的のためである．彼は株価を始めとする経済現象に現れる量などの中に，「微粒子の水の中における運動」の場合と同じ，「乱雑で不規則な世界」の模型が適用できると考え，オプションの評価の基準は，先に述べたペランが主張する，背景にある乱雑な運動から決まる「滑らかな世界の量」で決めるという理論を明確に意識して作ろうとした．この乱雑な世界の量とその平均で決まる量の対比を基本におく考えが今日の金融工学の底辺を構成している．

実は，バシェリエのこの論文は彼の学位論文と同じであるが，バシェリエは，論文が目指した目標のために，学位としては最高級の評価を得ることはできなかったようである[158, 下，付録 G]．ポアンカレは

「バシェリエ氏は独創的で緻密な思考力を明示しているが，このような主題はわれわれが審査する他の候補者が，通常，考察の対象とするものからやや逸脱している」

と述べている[36, Appendix]．あのポアンカレですら，今日の金融工学の現状を予測できなかったようである．

なお，バシェリエのその後の研究にも現代的立場から見ると厳密さに欠ける点があった．たとえば，彼の 1937 年の著書で論じられた，独立確率変数列のある番号までの最大値の分布の極限定理は，エルデシュ-カッツ

の1946年の論文で厳密な証明が与えられている[8, 58]．彼らは「バシェリエの結果は興味深く重要だが，現代数学がみたすべき厳密さを備えていない．というのは，バシェリエはしばしば微分方程式を差分方程式で置きかえて考えている」と指摘している．なお，これらの方法の正当化にはヒンチン(Aleksandr Yakovlevich Khinchin)の本で体系的に考察されている考えが必要になる[142]．

理論を展開する道具の面でも，目標とする結果を応用する場の準備でも，確固とした基盤を持った理論を構築するには，少し早く現れすぎたのがバシェリエの不運かもしれない．しかし一面，それこそ科学者の誉れかもしれない．一部の本を見ると彼を悲劇の人物と描きたい傾向を感ずるが，ブラウン運動の創始者とは思っていなくても多くの数学者は彼の業績をそれ相当に評価しており，注目していることがこれまで述べた文献から分かる．

5.5　太鼓の問題とブラウン運動

これまではブラウン運動の軌跡の形に注目した話題を多く取り扱ってきた．これから取り上げる話題もブラウン運動の軌跡の形に関係はあるが，この節ではやや違った方向の話に進む．話は20世紀の初頭までさかのぼる．オランダの高名な物理学者ローレンツは1910年に，ゲッチンゲン大学の「Wolfskehl lecture」で「物理学の新旧の問題」と題する5回続く話を行った．その4回目にここの話題の始まりになる話をした(カッツ[130, 132])．

ローレンツはその講義で，おそらく数学者の興味を引くだろうとして，ジーンズ(James Jeans)の放射線理論より生まれる問題で，オルガンの音色で見られる話をしている．しかも同じことは統計力学に関連する多くの振動で見られるだろうことも述べている．Dを太鼓の打面とする．そのとき，太鼓を叩いたときに十分高い音色の数は，Dの形ではなく，その面積のみに関係するのではないかというのがローレンツの提起した問題である．

この問題を論じたカッツの有名な論文[130]はポアンカレのよく知られ

た言葉

「物理学は，われわれに問題を解くきっかけを与えるばかりではない．解決の方法を見いだすのを助けてもくれるのである．…物理学はわれわれをして解を予測することを得せしめ，また，推論の方針を提案してもくれるのである．」[225, 164 頁]

から始めている．ローレンツが提起したこの問題は，その言葉にも導かれるような経過をたどり，数学の発展に大きな影響をおよぼす．カッツによれば，ローレンツの話を聞いたヒルベルトは彼が元気な間は解答は得られないのではないかと言ったようであるが，わずか 2 年後に彼の学生で，やはりローレンツの話を聞いていたワイル(Hermann Claus Hugo Weyl)がローレンツの問題に一つの解決を与えた[293]．その内容は，クーラン-ヒルベルト(Richard Courant, David Hilbert)による名著に紹介されている[35]．この本の第 6 章 固有値問題への変分法の応用，§4 固有値の漸近的分布，定理 18 がそれに相当する部分である．少し形式的な数学の話になるが興味深いものであるので，その内容を簡単に述べる．その小節(140 頁)の冒頭に

「物理的に重要なつぎの結果が導かれる．すなわち，定数係数をもつ微分方程式では，固有値の漸近的変化は，基礎領域の大きさによるのみで，その形には関係しない．」

と書かれている．ワイルが示したことは，次の形の結論である．

「$\mathbf{R}^2$ 内の滑らかな境界 ∂D に囲まれた有界領域 D での固有値問題：

$$\frac{1}{2}\Delta u+\lambda u=0, \quad \partial D \text{ 上で } u=0$$

を考え，その固有値を $0<\lambda_1\leqq\lambda_2\leqq\dots$ とする．$N_D(\lambda)$ を λ より小さい固有値の数とする．そのとき

$$\lim_{\lambda\to\infty}\frac{N_D(\lambda)}{\lambda}=\frac{|D|}{2\pi}$$

が成り立つ．」

上の式は数学の習慣では，次のような記号で表される．$\lambda\to\infty$ のとき

$$\frac{N_D(\lambda)}{\lambda} \sim \frac{|D|}{2\pi}.$$

実は，カッツの説明によれば，ローレンツは多くの典型的な例では調べていて，この主張が成り立つことを知っていたと思われる．たとえば長方形 $D=[0,L_1]\times[0,L_2]$ の場合を考えると，簡単な計算で次のことが示される：

$$N_D(\lambda) = \#\left\{(n_1,n_2)\in \mathbf{Z}_+\times\mathbf{Z}_+\,;\ \frac{\pi^2}{2L_1^2}(n_1h)^2+\frac{\pi^2}{2L_2^2}(n_2h)^2 \leqq 1\right\},$$
$$h=\frac{1}{\sqrt{\lambda}}.$$

これは，楕円の第 1 象限の部分

$$\left\{(x,y)\,;\ x>0,\quad y>0,\quad \frac{\pi^2x^2}{2L_1^2}+\frac{\pi^2y^2}{2L_2^2}\leqq 1\right\}$$

に含まれる一辺の長さが h の正方形の個数である．したがって，$h{\downarrow}0$ のとき

$$h^2N_D(\lambda)\to\frac{1}{4}\times\text{楕円の面積}=\frac{1}{4}\times\pi\,\frac{\sqrt{2}\,L_1}{\pi}\,\frac{\sqrt{2}\,L_2}{\pi}$$

となることから，$\lambda\to\infty$ とすると

$$\frac{N_D(\lambda)}{\lambda}\sim\frac{L_1L_2}{2\pi}=\frac{|D|}{2\pi}$$

となる(高橋[265]参照)．

このことは大きな固有値に対する漸近状態から領域の面積が分かることを示している．この問題は数多くの数学者の興味を引くが，中でも，1954 年に，先に述べた漸近状態をより詳しく見れば境界の長さ(∂D の長さ) L との関係も分かることが，プレイイェル(Åke Vilhelm Carl Pleijel)によって明らかにされた[223]．

1950 年代の中頃，ニューヨーク近在の数学者たちの間では日頃この話が交わされていたようで，ボホナー(Salomon Bochner)はカッツに「二つの領域に対し固有値問題を考え，すべての n に対し，対応する固有値が等しいならば，始めに与えた二つの領域は合同か？」という，現代では等スペクトル問題と呼ばれる問題を聞いたようである[260]．また，ベア

ズ(Lipman Bers)は,「完全にピッチを知ったら,太鼓の形を知ることができるのか」と聞いたという話がカッツの話に出てくる[130].

このような振動の話がどうして,拡散または熱伝導の話と関係するのか,そのあらすじを知るために,数学の内容に立ち入った形式的なものになるが,少し話を元に戻してみよう.$F(x)=x^{\alpha}$, $\alpha>0$ ならば,

$$\int_0^{\infty} e^{-\lambda x} dF(x) = \Gamma(\alpha+1)\lambda^{-\alpha}, \quad \text{ただし,} \ \Gamma(\alpha) = \int_0^{\infty} x^{\alpha-1} e^{-x} dx$$

は初等的な計算から分かる.そこで前に考えた漸近的関係について,これを広げることができるか,すなわち

$$\int_0^{\infty} e^{-\lambda x} dF(x) \sim \Gamma(\alpha+1)\lambda^{-\alpha}, \qquad \lambda \downarrow 0$$

ならば $F(x) \sim x^{\alpha}$, $x\to\infty$ が成り立つかが問題になる.このことについては解析学では早くから考察が進んでいて,タウバー型定理と呼ばれる結果が知られている.この内容を述べるために一つの言葉を用意する.

関数 $\ell(x)$ が $x\to\infty$ のとき緩変動であるとは,任意の $t>0$ に対して

$$\lim_{x\to\infty} \frac{\ell(tx)}{\ell(x)} = 1$$

が成り立つことをいう.たとえば,$\ell(x)=A(\log x)^{\beta}$ は緩変動関数である.また,非減少で右連続な関数 $L(x)$ が $x\to\infty$ のとき正則変動であるとは,任意の $t>0$ に対し

$$\lim_{x\to\infty} \frac{L(tx)}{L(x)} = t^{\alpha} \tag{5.1}$$

となる定数 α が存在することをいう.緩変動関数 ℓ に対して,$L(x)=x^{\alpha}\ell(x)$ は正則変動である.このとき,次の結果は一般に「タウバー型定理」と呼ばれている.

「$F(x)$, $x>0$ を,$\alpha>0$ に対して先に述べた(5.1)をみたす $x\to\infty$ のとき正則変動である関数とする.このとき,

$$\int_0^{\infty} e^{-\lambda x} dF(x) \sim \Gamma(\alpha+1) L\Big(\frac{1}{\lambda}\Big), \quad \lambda \downarrow 0$$

が成り立つならば,

$$F(x) \sim L(x), \quad x \to \infty$$

が成り立つ.」

いま, $\varphi_1, \varphi_2, \ldots$ は

$$\frac{1}{2}\Delta\varphi_n(x) = -\lambda_n\varphi_n(x), \quad x \in D, \quad \varphi_n(x) = 0, \quad x \in \partial D,$$

すなわち, 固有値 $0<\lambda_1 \leqq \lambda_2 \leqq \lambda_3 \leqq \ldots$ に対応する固有関数で

$$\int_D \varphi_m(x)\varphi_n(x)dx = \begin{cases} 1, & m = n\ , \\ 0, & m \neq n \end{cases}$$

とする. 境界 ∂D が滑らかであれば, このような固有値, 固有関数が存在することが知られている.

このとき,

$$p_D(t,x,y) = \sum_{n=1}^{\infty} e^{-\lambda_n t}\varphi_n(x)\varphi_n(y)$$

とおく. 解が境界上で 0 になる D 上の熱方程式

$$\begin{cases} \dfrac{\partial u}{\partial t} = \dfrac{1}{2}\Delta u, & t > 0,\ x \in D, \\ u(t,x) = 0, & t > 0,\ x \in \partial D, \\ u(0,x) = f(x), & x \in D \end{cases}$$

を考えれば, f が領域 D とその境界をあわせた $\overline{D}=D\cup\partial D$ 上で連続であれば

$$u(t,x) = \int_D p_D(t,x,y)f(y)dy$$

は上の熱方程式の解になる. ところが,

$$\int_D p_D(t,x,x)dx = \sum_{n=1}^{\infty} e^{-\lambda_n t}|D|, \qquad |D| \text{ は } D \text{ の面積}$$

となるので, 前に述べたタウバー型定理に注意すると, 大胆な言い方をすれば, 固有値の漸近状態は $p_D(t,x,x)$ の $t\downarrow 0$ としたときの漸近状態から分かる.

ところが, D に含まれる点 x の近傍を $U(x)$ とすれば, $\int_{U(x)} p_D(t,x,$

$y)dy$ は x から出発した 2 次元ブラウン運動が t 以前に境界 ∂D に到達することなく，時刻 t のとき $U(x)$ にいる確率になる．なお，ディリクレ問題とブラウン運動との関わりについての研究は角谷によって始められた[134]．

このようにして，固有値の話は 2 次元ブラウン運動の話に置きかえられる．この節の始めからこれまで述べたことについては，どんなところに問題があるかを明らかにした紹介が高橋[265]でなされている．ブラウン運動と関連して，1960 年代にこの問題が注目を集めるようになるのはカッツの一連の考察による[129, 130]．

ローレンツを記念してライデン大学(The University of Leiden)には，いろいろな国からの招待教授に提供されるローレンツ教授(Lorentz Professor)の制度がある．この栄誉に浴する人は，滞在の間にエーレンフェスト(Paul Ehrenfest)によって始められた有名なコロキュームで一般的な広がりをもつ学術講演をすることが慣例になっている．1963 年のローレンツ教授としてこの話をすることになったとき，カッツは，学術論文の表題に「question」を用いたエーレンフェストにならい，表題として「Can one hear the shape of a drum?」を選んだ．前に述べたようなベアズとのやりとりがあるので，カッツはこの表題は半分は自分で，残り半分は彼によると述べている[130]．

太鼓の問題がより広い範囲の人たちに興味を持たれるようになった動機としては，カッツがアメリカ数学協会(The Mathematical Association of America)の招きで話をしたときのフィルムと，その内容を補完してまとめたものによるところが大きい[130]．その影響の大きさは一時はこれと似た表題の付け方が数学者の間で流行になったくらいである[9, 11, 65]．この問題をめぐる研究は数学の非常に広い範囲にわたっているが，ここでは話を際限なく広げないために，ブラウン運動に関連する解析として捉える方向に話を限ることにする．

日本では太鼓の問題は最初はそれほど注目されていなかったと思うが，1960 年代の中頃にはカッツのいたロックフェラー大学のあるニューヨーク付近だけではなく，アメリカで広く話題になっていたように思える．1960 年代といえば今と違ってコンピュータは大型を目指すのが中心で，パソコンが現れる前でシミュレーションを描くのは困難な時代の話である．その頃アメリカには，いろいろな話題を語るフィルムがあり，上に述べた，カッツが楽しそうに太鼓を叩いている映像はその中の一つである．その他，たとえば船を1回転するには最小限どれだけの広さがあったらよいかを問う「掛谷の問題」や，クーランの「シャボン玉」の話なども含まれている．筆者の記憶では，スタンフォード(Stanford)大学では毎日午後3時過ぎに「お茶の時間」があり，66年秋から67年春にかけては，そのお茶の時間の後に，週一回くらいの割合で数学に関係するビデオが数学教室の講義室で上映されていた．世話をしていたのは大学院の学生であったと思うが，参加者の中には名誉教授や多くの教室のスタッフを見かけた．その一つに先に述べた太鼓の問題の映像が含まれていた．

話を本論に戻そう．これまでに見てきたことから，$t\downarrow 0$ のとき

$$\int_D p_D(t,x,x)dx \sim \frac{|D|}{2\pi t} \tag{5.2}$$

を示せばよいことが分かる．

この筋書きに従い，この評価を実行したのがカッツ[129]に述べられているワイルの結果の証明である．なお，彼はここで使われた方法がミナクシズンダラム(Subbaramiah Minakshisundaram)の考えと密接に関連していることを指摘している[192, 193]．

ここで用いた方程式の境界条件は，「境界の温度を常に0度に保つ」，「境界に拡散粒子が到達すれば吸収する」ことを意味する．このことを2次元ブラウン運動で表現すれば，$p_D(t,x,y)dy$ は「運動の軌跡 $x+w(s)$, $0\leqq s\leqq t$ が境界に達しないで，$x+w(t)\in dy$ となる軌跡 w の全体」をウィナー測度 P で測ったものになる．このようにしてローレンツに始まった問題がブラウン運動の問題になり，「領域 D の形から決まるウィナー空間のある集合をウィナー測度で測り，その性質を調べる」ことにより，「領域の形についての情報」を得ようという問題になる．このような段階を踏んで，この問題がウィナーの「曲線の世界は点の集まりの世界より豊かな内容をもち，その全面的な開花は20世紀に残されるだろう」という見解に答える方向の数学の進展に，有力な一つの材料を提供している．しかしながら，全面的にその考えを展開するには，解決するべき困難が残されている．

そのことについては後で触れることにして，もう少しカッツ[129]，高橋[265]に沿った話を進める．カッツの視点に立てば，2 次元ガウス核 $g(t,x,y)$ に対して $p_D(t,x,y) \leqq g(t,x,y)$ となることは明らかである．したがって，

$$Z_D(t) := \int_D p_D(t,x,x)dx \leqq \frac{|D|}{2\pi t}$$

は容易に分かる．もちろん，このことは熱方程式に対する最大値原理を用いれば，解析の方法でも簡単に示される．

残されたことは，$t \downarrow 0$ のときに，上の不等式の逆の方向，すなわち下からの評価を得ることである．これに対しては，「$t \downarrow 0$ のとき，$x+w(t) \in dy$ となるものの中で，$x+w(s)$，$0 \leqq s \leqq t$ が境界に到達するものは，しないものより，漸近的に見れば，相対的に少ないこと」，すなわち，カッツが「境界を感じない原理」と呼んでいることが導かれる．この原理は，5.3 節で述べた 2 次元ブラウン運動のフーリエ級数を用いたシミュレーションを見れば，軌跡は出発点のまわりで複雑に絡み合って，短い時間の間は出発点のまわりから離れていないことから想像される．したがって，5.2 節で述べた軌跡の不規則性に関連している．このことをきちんと数学の場に引き出すことは簡単ではないが，直観的には明らかである．この考えを認めて進めば，議論の内容は非常に明快になる．カッツは領域内に正方領域を考え，それに対する評価を繰り返し用いて結論に到達している[130]．

このように目的の漸近形を示すことだけでも簡単ではないが，カッツはさらに進んで，

$$\sum_{n=1}^{\infty} e^{-\lambda_n t} \sim \frac{|D|}{2\pi t} - \frac{L}{4}\frac{1}{\sqrt{2\pi t}}$$

を類似の考え方に従って示している[130]．ただし，L は境界の長さである．

このようにブラウン運動の軌跡の動きを考えに入れれば証明の筋書きは比較的鮮明になるが，厳密にその筋書きを保証することは簡単ではない．カッツは漸近評価がすでに解明されているもので近似することにより，その証明に成功した．

これまで領域の境界はある程度滑らかであることを断りなく仮定してきたが，もし領域に角があれば，$Z_D(t)$ の $t\downarrow 0$ のときの詳しい評価は，その事情を反映したものになる．さらに，領域ではなく，2 次元のトーラスのように穴のある 2 次元の曲面を考えると，境界が角のある場合と関係してきて，領域に角があるための漸近状態の補正は穴の数に関係してくることが分かる．これらのことの筋書きについては，先に述べた高橋の著書に簡明に紹介されている[265]．なお，カッツの考察に始まる一連の研究は，マッキーン-シンガー(Isadore Manual Singer)により詳しく解明されている[190]．

カッツの証明は確かに「ブラウン運動の軌跡」の挙動を意識したものであるが，全面的にウィナー測度の性質に直接的に依存したものとも言えない．連続関数の全体の空間にウィナー測度が考えられていると考え，ウィナー測度は有限次元空間の熱方程式の基本解より定まるので，熱方程式にまつわる種々の量を巧妙に組み合わせて結論を導くカッツ以来の方法は，「本質的」にはウィナー測度に関わるものであるが，ウィナー空間が無限次元の抽象的枠組みに持ち上げられていることに注目すれば，結論に至る道筋が簡明で標準的になる可能性がある．ウィナーはこのことにより，彼の言葉として述べた「曲線の話は有限次元の空間の点についての話より豊かな内容をもつ」ことの数学的手がかりが得られると考えたと思われる．

これまで本書では 20 世紀の半ば頃までを目標にしてきたが，実はこの時期を過ぎるとウィナーのこの期待に応える成果が目に見え始める．小竹武やマッキーン-シンガーら解析や幾何両方に興味を持つ人たちによって進められていた話を全面的にブラウン運動の言葉で捉えるには，マリアバン(Paul Malliavin)や渡辺信三によるウィナー測度を考えた連続関数の空間上の超関数の話が必要になる．話はそれらの漸近展開の枠組みに組み込まれる．ただこれらが明確な形で姿を現すのは，20 世紀も終わりに近づく頃である．ここではこれ以上立ち入らない．

かつてアティヤ(Michael Francis Atiyah)は，カールスルーエ大学で開催された第 3 回数学教育国際会議の講演の結びの部分で

> 「現代数学は，しばしばいわれるほど，伝統的な数学からかけ離れてはいない．…違いは内容よりも様式にあるのだ．」

と述べているが，ここで述べた太鼓の問題の取り扱いは，そのことを裏打ちする一例になるかもしれない．実際，解析学で古くから知られている漸近展開の話に行きついた[6]．

この節を終わる前に，注目に値する次のことにも触れておく．前に述べたように，ローレンツに始まる話は，カッツの考えでは「容器の中を偶然的に動き回る微粒子の動きから，容器の大きさ，周の長さ，… など容器についての情報を引き出す」話になっている．これまではこの話を，ウィナー空間の話に抽象化して見てきたが，同じ特徴をもつ話を素朴な形の偶然的な動きをする運動の軌跡の中で見ることができる．実在の「統計力学の問題」に基盤をもつ「離散的太鼓」についての考察が，フィッシャー(Michael J. Fischer)やベーカー(George Baker, Jr.)によってカッツの太鼓の問題についての講演の直後に進められている[9, 65]．またこれらは，ベンソン-ヤコブス(Clark T. Benson，John B. Jacobs)の成果につながっていく[11]．

第6章 解析や幾何に現れる偶然性

6.1 マルコフ過程を巡る偶然性——コルモゴロフの提起

これまで1 μm 程度の大きさの微粒子の偶然的に決まる運動の起源やその特性を中心に述べてきた．状態が1つだけ，こうだとは決まらない話の中で，ブラウン運動はどんな位置にあるのだろうか？ 日常的には“偶然”という言葉は非常に広い意味に用いられている．これらの話の中には，到底第4章で述べた意味での確率の話に持ち込めないものがある．では，どんな現象にこれまでに用いた確率の概念が通用するかは非常に微妙な問題である．このことの取り扱いで多くの人に頼りにされているのは，1957年に出版されたフェラーの本である[60]．この本では多くの例題をあげて，どんなときに第4章の意味の確率という概念が適用できるかを検証している．このことについて，彼は次のように述べている．

「近代確率論の成功はそれ相当の犠牲を払って得られている．すなわち，その理論は“偶然”というものの特別な一局面に限定されているのである．…われわれは帰納的な推論の方式ではなく，物理的あるいは統計的確率と呼ばれるようなものを考える，ということをよく理解しておく必要がある．あらっぽいいい方をするならば，この確率の概念は，判断には関係がなく，思考実験の可能な結果に関するものであるという風に特徴づけることができよう．」[60, 序論3節]

彼は確率に対する統計的，あるいは経験的な態度の確立に貢献した人々として，フィッシャーとフォン・ミーゼス(Richard von Mises)の二人の名前を挙げている．たとえば標本空間の考えはフォン・ミーゼスによるとして，そのための文献としては[286]を挙げている．

なおフェラーは，ザグレブ(Zagreb)の大学を1925年に終え，ヨーロッパで研究を続けた後，アメリカで活動し，近代確率論の発展に貢献し続けた人である．彼の著書は数学の研究者以外の人の近代確率論への理解を深めた本として広く知られている[60]．

フェラーがこのような考察を続けていた頃から半世紀を過ぎて，情報を集め分析する手段は異質な段階になり，たとえば5.4節で述べたバシェリエの考え方は単にフランス国債を分析する一つのモデルにとどまらず，刻々変動していく国際的金融の動きを分析し対処する一つの手段として生かされている．また，今日では世界中の気象に関する精密な情報が集められ，短時間で分析できるようになり，気象に関する理論的な研究も格段の進歩をしている．そのために偶然的な要因は絞り込まれ，地域別の降雨確率という数値が考えられるようになっている．このように第4章で述べた確率の言葉で語ることができる課題の広がりについては，今後もまだまだ検証すべき話がたくさん残されている．

本節ではこのことではなく，第4章で述べた確率という概念を用いて語られる偶然の話の中で，ブラウン運動にまつわる偶然現象はどのような位置にあるかを明らかにすることである．その話を進めるために，ブラウン運動の特徴をもう少し細かく分けて考えてみる．まず，ブラウン運動を思い出そう．任意に $0<s<t$ と $x, y \in \mathbf{R}^d$ を固定すると，軌跡が時刻 s で x にいたことが分かれば，軌跡が時刻 t で y を含む任意の(可測)集合 A にいる確率 $P(s, x; t, A)$ は

$$P(s, x; t, A) = \int_A g(t-s, x, y)dy$$

である．ここで，$g(t, x, y)$ は第5章で述べた熱方程式の基本解である．

ブラウン運動の定義から分かる次の特性に注目する：

(i) 時刻 s のときに x にいたら，s 以降の軌跡の従う法則は過去の履歴に無関係である．

(ii) (時間的一様性)　$P(s, x; t, A)$ の値は s, t のそれぞれの値ではな

く，$t-s$ のみに関係している．

(iii) （空間的一様性） $P(s, x; t, A)$ の値は x と A を同時に平行移動しても変わらない．

コルモゴロフは，ブラウン運動のこれらの特性の中で(i)だけをもった物理的現象の変化を表す“確率的に定まる過程(a scheme of a stochastically determined process)”の概念を提起し，その典型的な場合の構造を解明する道筋を示した．さらに，彼は連続な軌跡の場合だけでなく，右連続で左極限が存在する軌跡の場合をこめて考えている．それだけでなく，軌跡が有限集合や可算集合上を動く場合も同様な話を展開している．その運動は今日ではマルコフ過程(Markov process)と呼ばれている．この呼び名の由来は，マルコフ(Andreĭ Andreevich Markov)の晩年に近い 1906 年の問題提起に関係している[103, 104]．

ある言語で書かれた文章に，アルファベットの文字がどのような頻度で出てくるかについては，これまで多くの人によって調べられている[103, 104]．このことはしばしば独立確率変数列の標本の例の説明に用いられている．これに対し，マルコフは文章をもう少し詳しく見ることを考えた．たとえば，母音 $\longrightarrow$ 母音，母音 $\longrightarrow$ 子音と続く並びがどのような状況で現れるかを考えた．実際，マルコフはプーシキンの小説「エヴゲニー・オネーギン」で 20000 文字を調べ，母音 $\longrightarrow$ 母音，母音 $\longrightarrow$ 子音と続く頻度が前者は 0.128 で，後者は 0.663 であったことを述べている．マルコフはこのような事情を反映する数学模型として，次に述べる系列を考えた．

有限個の値を取り得る確率変数列を考えるとき，ある時刻の状態が分かればそれより以降の確率変数の表す偶然性は過去の履歴に関係しない．このことは，前に述べたブラウン運動の特性(i)と同じものである．これは，ド・モアブルやベルヌーイ以来の系列の偶然性を表す特性と違うものを解析する枠組みを持ち込んでいる．この枠組みの中で，マルコフは第 2 章の 2.2 節で述べた大数の法則を示した．この転換を重視し，連続時間の場合にコルモゴロフが提起した場合もマルコフ過程の名前を用いるのが現在の慣習である．必ずしも強い決まりではないが，時間が整数の場合だけを考えるのをマルコフ系列，あるいはマルコフ連鎖と呼ぶ．

コルモゴロフはこのような運動の軌跡が動く空間として，前に述べたように有限集合，可算集合，ユークリッド空間を考えている[148]．簡単のため，この空間を S と書く．このとき，先にブラウン運動の特徴として挙げた(i)は，(ii)の仮定の下に推移確率 $P(t,x,A)=P(0,x;t,A)$ の言葉で言えば，大胆な言い方が許されるならば，次の形の積分方程式の関係に言い換えることができる：任意の $t,s>0$, $x\in S$, $A\subset S$ に対し

$$P(t+s,x,A) = \int_S P(t,x,dy)P(s,y,A) \tag{6.1}$$

が成り立つ．この言い換えでできる数学の抽象的な枠組みが新たな展開を拓くことをコルモゴロフは提起している．

この枠組みで S が有限集合のときは，マルコフが言うように行列の積の話になる．S が可算集合，$S=\{0,1,2,...\}$ ならば，たとえば次のような典型的な例が知られている：λ を正の定数として，

$$P(t,x,A) = \sum_{y\geqq x,\, y-x\in A} e^{-\lambda t}\frac{(\lambda t)^{y-x}}{(y-x)!}, \quad A\subset S$$

の場合を考える．この例はポアソン(Siméon Denis Poisson)過程と呼ばれる．自動車が走り回る現在とは違って，馬車が普通であった牧歌的な時代の交通事故のモデルとして使われていた．それのみならず，飛躍のある軌跡をもつマルコフ過程の一般論を考えるとき，基礎になるものである．

このように，コルモゴロフの枠組みの中にはブラウン運動のようにミクロの単位で考えられる世界のみならず，通常の可視的対象も取り込まれ，軌跡も連続なものに限らない，軌跡が右連続で左極限が存在する場合に考察が進められている．とくに，ブラウン運動の特性として(i)，(ii)，(iii)を満たす場合は，レヴィにより基本的な量を用いる軌跡の表現が得られた[169, 232]．この表現は彼独特な表現であったが，後年伊藤清により現代確率論風に書き換えられ，現在はレヴィ-伊藤表現と呼ばれている[111]．

前に考えた積分方程式(6.1)は，まとまった本として我が国で最初に紹介した伏見康治の著書では，スモルコフスキー-チャップマン(Sydney Chapman)の方程式と呼んでいる[77]．また伊藤清の本では，単にチャ

ップマンの方程式と呼んでいる[116]．現在は，コルモゴロフの等式と呼ぶこともあるが，チャップマン-コルモゴロフの方程式と呼ぶのが通例である．

いま，状態空間 S 上の十分一般性をもった連続関数の空間 $C(S)$ の要素 f で，$0 \leqq f \leqq 1$ をみたすものに対し，

$$T_t f(x) = \int_S f(y) P(t, x, dy), \qquad t > 0, \quad x \in S$$

とおけば，十分納得できる仮定の下で，T_t, $t>0$ は $C(S)$ 上に定義された線形作用素の半群性 $T_{t+s}=T_t T_s$，すなわち

$$T_{t+s} f(x) = T_t(T_s f)(x), \quad t, s > 0, \quad x \in S$$

をみたすものになる．このようにして，後年関数解析と呼ばれる分野で展開される線形作用素のヒレ-吉田の半群理論，とくに正で縮小の場合が登場してくる[89, 306]．

ブラウン運動の話をコルモゴロフに従って“確率的に定まる運動”の話に広げると，関数解析の考えに従った世界が開けてくる．しかも，これらは一方を使って他方を解明するというより，一つのものを違った方向から眺めているといったほうが話の全貌の理解が進む．1950 年頃フェラーは，この状況を反映した枠組みの中で与えられた作用素に対応するマルコフ過程を構成することなく，1 次元で軌跡が連続の場合，すなわち 1 次元拡散過程の特性量を明らかにし，その量を基礎に拡散過程を再構成することに成功した．一見したところ，小さな発想の転換に見えるが，実際は大きな前進をもたらした．

次に話を進めるために，コルモゴロフは当時広く知られていた中心極限定理についてのリンドバーグ(Jarl Waldemar Lindeberg)の条件に注目している．そこでは，独立確率変数列の系列の各項の 1 次および 2 次のモーメント，すなわち平均，分散行列の存在を前提にして，その他の緩やかな付加条件，たとえば，3 次モーメントの存在を考えれば，極限のガウス分布の各特性量の決め方が分かる．拡散過程では，これと類似な事情が各時刻ごとに成り立っていることが考えられる．

いま，任意の出発点 x に対し，軌跡の各成分 $X^i(t)$, $i=1, 2, \ldots, d$ の平均

と 2 次のモーメントの存在を仮定し，それから平均ベクトルと共分散行列が定まるとする．さらに，$t=0$ におけるそれらの右微分 $b(x)=(b_1(x), b_2(x), ..., b_d(x))$，$C(x)=(g^{ij}(x))_{i,j=1,2,...,d}$ が存在することを仮定する．加えて，緩やかな付加条件，たとえば 3 次のモーメントの存在と同様のことを仮定すれば，拡散過程の解明は，粗っぽい言い方をすれば，次の 2 階の偏微分方程式

$$\frac{\partial u}{\partial t} = \frac{1}{2}\sum_{i,j=1}^{d} g^{ij}(x)\frac{\partial^2 u}{\partial x^i \partial x^j} + \sum_{i=1}^{d} b^i(x)\frac{\partial u}{\partial x^i}$$

の考察を通して行うことができる．このようにして偶然性を反映する運動の話と解析学の典型的な分野が結びついてくる．

さらに，共分散行列 C の逆行列 $G=(g_{ij})$ が存在する場合は上の偏微分方程式の右辺の第 1 項は G より定まるリーマン計量に対応するラプラス-ベルトラミ作用素とベクトル場で表現される．このように当初から拡散過程の考察はリーマン幾何学の視点が基本的役割を果たす形で進められている．これらについては，次節でもう 1 回立ち返る．

少し違う観点からの研究になるが，量子力学の創始者の一人であるシュレディンガー(Erwin Schrödinger)は確率的な運動の時間反転の問題を論じている[236]．

補足 6.1.1　本節の話の主役の一人であるマルコフについて補足しておく．先に述べたように，確率の議論に新たな概念を持ち込み，議論の転換点をもたらしたマルコフの名前は，今日では数学のみならず，数学と関連のある分野でもよく知られている．彼が活躍したのは帝政時代の終末期で，サンクトペテルブルクで数学の研究にたずさわる人たちの先駆者であるチェビシェフに直接学んだ．彼の著書『確率入門』は，1900 年初版であるが，版を重ねるとともに広く読まれ，ドイツ語訳もある．第 5 章で紹介した「太鼓の問題」の研究の発展に大きな役割を果たしたカッツも，彼の自伝によれば，この本で確率論を学び始めた．いろいろな文献を見ていると，マルコフの名前に出会うことが多いが，実はマルコフの弟も，また子供の一人も数学者である．

補足 6.1.2　コルモゴロフの研究に刺激されて偶然をともなう運動の研究を目指した研究者をめぐる動きは，単調ではなかった．1930 年代から

40年代にかけての時代で激動する社会の波は研究者を目指す人々に対しても容赦なく押し寄せてきた．バナッハやペランについてはすでに述べたが，このように高名な人たちだけではなく，数々の災難は数学の研究を目指す若者にも訪れた．

ドイツ出身の若者デブリン(Wolfgang Doeblin)は，戦争の荒波にのまれ不幸な最期を迎えた一人である．彼は1915年の生まれで，日本で言えば，伊藤清と同年齢で丸山儀四郎より一歳上である．彼の父親は医者であり，著名な作家であった[212]．その父は，ナチスが国会議事堂を炎上させた直後に，ユダヤ人としての難を避けるためにベルリンを脱出した．デブリン自身もギムナジウムを修了するとともに，チューリッヒを経て，家族とともにパリに移った[25, 212]．1936年一家でフランス国籍を取得し，このときフランス式の名前ヴァンサンと改めたが，論文の著者名はそのままにした．彼はパリに移った後ソルボンヌで数学を学び，フレシェ(Maurice René Fréchet)の下で確率過程の研究を始め，とくにレヴィやコルモゴロフなどの研究に興味をもち，1938年には学位を取得した．その後11月に軍隊に招集されたが，学位取得者としての特別扱いを受けないで一兵卒として兵役に就いた．これら一連のことについては，太田浩一のエッセイに詳しい[212]．この文章には，デブリンたちがドイツ軍に包囲され25歳の若さで彼自身が自ら命を絶ったこと，太田がフランス西部のロレーヌ地方を訪ねたときに見聞きしたことが紹介されている．以下，このエッセイに従って，デブリンが最期を迎えた土地とその地の人々の心情を述べる．人通りの少ない郊外の村の分かれ道には，「デブリンの家」と書かれた小さな標識があり，「アルフレート・デブリン広場」と呼ばれる広場を通り過ぎたところにある小さな教会の壁には「医師・文学者アルフレート・デブリン(1878–1957)はその妻とともに，フランスのために死んだ彼らの息子ヴァンサンのそばのこの場所に眠る」と刻まれた銘板がある．広場の外れにある家の壁には，「天才数学者ヴァンサン・デブリンは1940年6月21日に25歳でここで死んだ」と書かれた銘板が取り付けられてある．デブリンの研究の中に，彼の所属する軍隊がドイツ軍に迫られ彼らが雪が吹き込む屋根裏部屋に寝泊まりしていた頃，夜間勤務の間になされた，参考文献も手許になく完成は困難なときのものが残されている．

フランスのアカデミーでは未完成論文でも投稿でき，後世一定の手続きで開封される制度を彼は利用した(なお，デブリンに他にどんな論文があるかについては[25]を参照)．初期のデブリンの一連の成果については，チュン(鐘開莱)[29]に紹介されている．

その本[29]によれば，ヨーロッパの災いの前から日中間で戦火が広がって，中国沿岸部の天津大学は，日本の爆撃を避けるために，奥地の昆明(Kunming)に疎開した．それにともない，天津大学の学生であったチュンは，彼によれば 1938 年から 1945 年まで昆明にいた．フレシェなどフランスの数学者は南方から昆明に通じるルートを伝って昆明の数学者に連絡をしていたようであるが，レヴィの本などの重要な本は地下倉庫に収納されて若い数学者には手が届かなかったようである．チュンは，研究の初期にレヴィの本など彼が深く興味を持った本に接することができなかったことを生涯忘れなかった．彼はパリのポリテクニックで開かれたレヴィ生誕 100 年の記念国際会議でも，昆明でレヴィの文献に接することができなかった悔しさを率直に語っていた．彼は生涯を通じてレヴィの考えの発展を目指した．たとえば白尾らとともに考察した 5.2 節のブラウン運動の局所一様性の度合に関する結果はその一つである．

1941 年の日米開戦のため日本に戻る 1942 年 6 月 15 日ニューヨーク発の第一次交換船グリップスホルム号の最下層の室には，アメリカでの研究や学習ができなくなった比較的若い人たちにまじって角谷静夫がいた．若い人たちの大部分はアメリカで，日本で学ぶことが難しい社会科学や文化を身につけることを目指す人たちであった．角谷のほかに，自然科学では第 1 章 1.2 節の話に出てきた粘菌研究の神谷宣郎がいた．彼はドイツで研究に取り組んでいたが，ヨーロッパの動乱に追われてアメリカに渡り，再び同じ状況に直面した．この交換船のことは[281]に詳しい．この船での部屋割りは現地での社会階層別で，角谷たちは最下層の船底に近い四人部屋にいた．南アフリカのポルトガル領で，7 月 26 日発の浅間丸に乗り換えて 8 月 20 日に横浜に着く，2 ヶ月に近い長旅であった．角谷はこの乗り換えのとき，少し上の室に移されたがほとんどの時間を当初一緒だった人たちと過ごした．その間角谷は相手構わず数学の話を続けていたと先に述べた本に書かれている．たとえば，大きい無限と小さい無限があること，無限の比較ができることなどの彼の話は一緒に同船していた若い人には強い印象を与えたようでその一人である鶴見和子は「抵抗の三つの形」という表題で次の文を寄せている[281, 465 頁].

> 「甲板ですごした毎日の話に，戦争に話題を求めることなく，数学(群論)についての講義をうむことなく続けた角谷静夫を竹久千恵子，永田秀次郎とともに思い浮かべるとき，日米戦争に対する三つの抵抗の形と私は考える.」

「渡米中の所感」と題する 1943 年の角谷の横須賀海軍工廠での話の要約が大阪大学理学部長に送られ，その複写が関係者の手許に残されていることが近年分かった．その原文の所在は現在のところ分からない．この話の大部分は，1940 年 9 月にアメリカ数学会に設けられた戦争準備委員会についてのことである．その話に入る前に，太平洋艦隊司令長官ニミッツ(Chester Nimitz, Sr.)の話が引用されている．角谷は，「…高度の数学と物理学の知識を必要とする…」「…中等学校及び大学専門学校の数学及び理科の教育を改善，強化しなければならない」などとニミッツが述べたことに触れ，この言葉がアメリカの新聞の社説などに引用され，数学及び物理学がいかに重要かが各方面の人により論じられている話を紹介している．九州の田舎の(旧制)中学生だった筆者は，来る日も来る日も新聞やラジオでニミッツの名前を見たり聞いたりして 70 年経た今でもその名前を忘れられないくらいであるが，基礎科学の重要性を唱える人物とは想像もできなかった．また話は，おそらく他分野，たとえば物理，化学および工学方面でも数学と同様な動きがあっただろうと指摘しながら，本論は数学の話に限るという断りから始まっている．

戦争準備委員会は，1 人の委員長と 6 人の委員が任命され，対応にあたっている．6 人は連絡係みたいなものだが，受け持つ部門は弾道学，航空力学，計算，産業，確率および統計，暗号学となっている．説明によれば，6 人の委員の下に，アメリカ全国のほとんどすべての大学の数学者が協力している．また比較的若い人が委員になっている．それでも各数学者の理論的研究は従来通り続け，大学の教育機関としての仕事もますます重要になっていることが述べられている．話では，委員会の仕事は大別すると，次の 3 つが考えられている：(1)軍備に必要な数学の問題の解決，

(2)数学者を(1)のために再教育すること，(3)学生の数学教育の改善と強化.

実はこの委員会のことは，角谷の話だけではなく，ドゥーブ(Joseph Leo Doob)のスネル(James Laurie Snell)との対話の記録でも知ることができる[257]. それによると，ドゥーブもフェラーもこの委員会の確率・統計部門の仕事に参加していたようである.

次に，角谷の話は，アメリカで中等学校の数学教科書の改良が考えられ，中等学校で数学や理科の授業時間が増えていることに及んでいる. 内容としては，対数計算，微積分，確率統計の初歩や図式計算のようなものに及んでいる. そして，アメリカの大学では，微積分，力学，解析幾何，微分方程式，関数論の他に，確率論，統計学，測量学など応用関係も行われているという話が続いている.

一方，大学院在学中は徴兵延期され，卒業後も数年研究が続けられるようにしていることが紹介されている. ちなみに日本では，それまであった類似の制度が中断されようとしていた.

また，微分方程式の数値計算は言うまでもなく，多くの問題の数値的観察に欠かせない，重要な役割を果たす計算機，たとえばワットソンの統計器は日本には 10 台足らずしかないのに，アメリカではほとんどすべての官庁，大学，研究所，会社，工場で使われていることも指摘している.

なお，角谷の話は，次のような文章で終わっている.

> 「戦争以前すでにアメリカと日本の研究者の数の比率は十対一以上でありましたが，更に数年後にアメリカの研究陣が如何に膨大になるかと云うことを考えますとこれだけでも問題の重要さを感じる様な気がいたします.」

この講演がどのようないきさつから行われることになったかは，記録が残されていなくて，今となっては確かめようがない. 話を自分が研究を共にした数学者についてのことに限っていることにより，当時日本で言われていたアメリカの姿と違う，基礎を大事にして長期的視野で動く様子が淡々と語られている. 帰国の途上で，交換船上で飽くことなく現代数学を語り続けた角谷について，鶴見和子がエッセイ「抵抗の三つの形」で述べた姿がここにも見られる思いがする. 科学についても，アメリカについても，真実を語ることの難しい時代の話である．

ところで角谷の研究は本書で取り扱うことより，はるかに広い範囲にわたっている．ブラウン運動に関する多くの研究成果の他にも経済学につながる不動点定理がとくに広く知られている．彼は，1942年に帰国し，1948年に再渡米し，その後は国際会議などのため短期間帰国するのみで，アメリカで研究・教育生活を送った．1942年からの短期間の大阪大学滞在の間に，研究者や学生に強い刺激を与えた．たとえば，今日CTスキャンとして実用化されているが，その原理となる数学の結果の重要性を学生たちに強調していた[98]．

6.2 確率積分の誕生，伊藤の公式

この節の本論に進む前に，確率積分の概念がどのような背景で生まれてきたかについて述べる．そのために，話はもう一度前節で述べたコルモゴロフについての話に戻る．

彼は1903年に生まれた．偶然を伴う運動についての前節に述べた提起に続いて偶然現象を取り扱うための数学の公理系を与えるのは20歳代の後半である[150]．彼は当初歴史学に興味をもったが，興味はすぐに数学に移り，1925年モスクワ大学を卒業し，ルージン(Nikolaĭ Nikolaevich Luzin)の下で研究を進める．ルージンは，ルベーグ積分が生まれる頃パリで学び，その後もパリやゲッチンゲンを訪れ20世紀初頭に発展した西ヨーロッパの数学を身につけた人で，当時モスクワ大学の中心的な役割を果たしていた．そもそもロシアの数学を始めとする基礎科学研究の近代化の動機を与えたのはピョートル大帝(1672–1725)で，恵まれた研究条件で招かれた外国人科学者たちはその発展を助けた．それらの中の一人が前に述べたオイラーである．彼らの多くは，ロシアに住みついた．今でも多くのオイラーの子孫がサンクトペテルブルクに住んでいると言われている．前に述べたチェビシェフやマルコフはこの流れの中で活躍した．これに対し，ルージンを始めコルモゴロフたちモスクワの人たちは，西ヨーロッパの人たちと同じ流れの中にいた．社会の分野によっては次第に自由がなくなっていたが，幸い数学者は1930年頃までは西ヨーロッパの研究者た

ちとの交流の自由をもっていて，コルモゴロフ自身学術調査団の一員として，ゲッチンゲン，ミュンヘン，パリを訪ね，それぞれの地で，ヒルベルト，レヴィ，ルベーグ，ボレルなどと会ったと伝えられている．彼は外国の高名な数学者との交流の重要性を強調していたとも伝えられている．

前節に述べたように，研究者のおかれた環境は厳しさが増していったが，一方，このように 1930 年代まで一定の国際交流の雰囲気は保たれていた．この間に偶然的な運動の考察に一定の進歩があった．それは前節に述べたレヴィ-伊藤表現である．

残る問題の 1 つはブラウン運動の特性として前節で述べた条件(i)，(ii)，(iii)の中で，前 2 つを残して，最後の条件が満たされないときはどうなるかである．コルモゴロフが偶然性を持った運動の軌跡の在り方そのものをブラウン運動の軌跡を背景に考えていたことは言うまでもない．このことは，たとえば[154]で，ブラウン運動で決まる領域の ε-近傍の面積の $\varepsilon\downarrow 0$ の法則を論じていることから容易に推察される．

さらに残る問題は媒質の性質が一様でない場合である．しかも，媒質の性質が場所の変化とともに穏やかに変化している場合を考える．ここでは，さらに軌跡が連続の場合，すなわち拡散過程の場合を考える．コルモゴロフはこのことをリンドバーグの条件がみたされているととらえている[148]．前に述べたように，この場合はリーマン計量 $G=(g_{ij})$ がそのような運動の特性量になる．この場合もブラウン運動についてのウィナー測度に相当するものを構成できるかが問題になる．すなわち，コルモゴロフの等式をみたす推移確率の族は連続関数の空間 W 上の測度の切り口と考えられるかが問題である．現在はそのような測度を構成する一般論が知られているが，1930 年代の事情は違っていた．そのような測度についての一般論は用意されていなかった．

このことを伊藤清は極めて素朴な形で解決しようとした．リーマン計量が平坦の場合は測地運動は直線上を等速で動く運動である．リーマン計量が一般の場合は瞬間瞬間計量に応じてこの運動を変形してゆく常微分方程式を用いて測地運動が得られる．この考えを拡散過程の場合に用いようとすれば，直線運動に相当するブラウン運動が，第 4 章で述べたように，微分不可能であるという障壁に直面する．この難点は，常微分方程式を積分方程式に変換すると，ブラウン運動に関する積分について意味のある形が見つかるかという問題となる．これが伊藤の確率積分の話の始まりである．この話がどうして肯定的に進むかを示すために，簡単な場合を考える．

閉区間 $[0,t]$ を n 等分して，その分点を

$$0=t_0<t_1<t_2<\cdots<t_n=t$$

とし，$B(t)$ を 1 次元ブラウン運動とする．このとき，

$$B(t)^2-B(0)^2=\sum_{k=1}^{n}(B(t_k)^2-B(t_{k-1})^2)$$

であるので，

$$B(t)^2-B(0)^2=\sum_{k=1}^{n}(B(t_k)-B(t_{k-1}))^2+2\sum_{k=1}^{n}B(t_{k-1})(B(t_k)-B(t_{k-1}))$$

が成り立つ．

ところが，$B(t_k)-B(t_{k-1})$，$k=1,2,...,n$ は平均 0 で分散 $\dfrac{t}{n}$ のガウス分布に従う確率変数であるので，第 4 章に述べた独立確率変数の和に関する大数の法則によって，$n\to\infty$ のとき上式の右辺の第 1 項は t に収束する（この形の大数の法則はほとんどの確率論の入門書に書いてある）．したがって，第 2 項も収束する．それを記号

$$\int_0^t B(s)dB(s)=\lim_{n\to\infty}\sum_{k=1}^{n}B(t_{k-1})(B(t_k)-B(t_{k-1}))$$

で定めると，

$$B(t)^2-B(0)^2=2\int_0^t B(s)dB(s)+t$$

と書ける．いま，$f(x)=x^2$ とおくと，

$$f(B(t))-f(B(0))=\int_0^t f'(B(s))dB(s)+\frac{1}{2}\int_0^t f''(B(s))ds \qquad (6.2)$$

となる．

同じことを，$f(x)=x^3$ の場合に考えると，

$$B(t)^3-B(0)^3=3\sum_{k=1}^{n}B(t_{k-1})^2(B(t_k)-B(t_{k-1}))$$
$$+3\sum_{k=1}^{n}B(t_{k-1})(B(t_k)-B(t_{k-1}))^2$$
$$+\sum_{k=1}^{n}(B(t_k)-B(t_{k-1}))^3$$

となる．多くの確率論の入門書に書いてあるように平均 0，分散 v のガウス分布に従う確率変数 X の特性関数 $\varphi(\lambda)$ は，任意の実数 λ に対して

$$E[e^{i\lambda X}]=\varphi(\lambda)=e^{-\frac{1}{2}v\lambda^2}$$

となる．このことに注意すれば，X の $2n$ 次の積率は

$$E[X^{2n}]=v^n\cdot 1\cdot 3\cdots(2n-1),\quad n=1,2,\ldots$$

となる（たとえば[103, 228-231 頁]）．このことを用いると，上式の右辺の第 3 項は $n\to\infty$ のとき 0 に収束することが分かる．また，同じ右辺の第 2 項は

$$3\int_0^t B(s)ds$$

に収束する．したがって，右辺の第 1 項も $n\to\infty$ のとき収束することが分かる．前の $f(x)=x^2$ の場合にならって，これを

$$3\int_0^t B(s)^2dB(s)$$

と書くのは自然であろう．この記号を用いると，$f(x)=x^3$ のときも $f(x)=x^2$ の場合と類似のことが成り立つことが分かる．同じ考えを用いると，$f(x)=x^n$, $n=4,5,\ldots$ のときも，記号

$$n\int_0^t B(s)^{n-1}dB(s)$$

で表すことが自然と思われるものが定まり，$n=2$ または $n=3$ の場合に述べたことと類似のことが成り立つことが分かる．ここで，

$$\int_0^t f'(B(s))dB(s)$$

で表した量は，この種の問題に取り組んだ伊藤の論文において，$f'(B(s))$,

$0 \leqq s < \infty$ のブラウン運動による"確率積分"と呼ばれているものの特別の場合である[112]．さらに，先に述べた等式(6.2)は"伊藤の公式"と呼ばれているものの特別な場合である．実際，確率積分の概念を取り扱った伊藤の論文の7節に，確率積分の典型的で最も簡単な例として述べられている[*1]．

[標語的まとめ]　硬貨投げを繰り返して得られる極限列で，時間や空間の尺度の単位を逐次変化させて得られる系列に対し，尺度の単位の変化のさせ方に応じ，ときには中心極限定理が，場合によっては大数の法則が現れる．この系列の極限として得られる，ナノ単位で語られる世界の理想像としてのブラウン運動では，この2つは1つの等式の中に同時に現れる．先に述べた伊藤の公式の右辺の第1項が中心極限定理に対応することを表し，第2項が大数の法則に対応していることである．

伊藤の公式にまつわる話ではこの簡単な場合でも，通常の微積分とは違った事情が現れている．通常の積分では，被積分関数が連続ならば，分割の区間のどの点の被積分関数の値をとっても極限の値は同じ値として定まる．しかし，たとえば

$$\int_0^t B(s)dB(s)$$

の場合では，事情は違ってくる．上に述べたように，$[0,t]$ を n 等分してその分点を $0=t_0<t_1<\cdots<t_n=t$ ととったとき，この近似としては

$$\sum_{k=1}^{n} B(t_{k-1})(B(t_k)-B(t_{k-1}))$$

が用いられている．

$[t_{k-1},t_k]$, $k=1,2,\ldots,n$ の中間点の値 $B\left(t_{k-1}+\dfrac{t}{2n}\right)$ を被積分関数の値にとれば，すなわち

$$\sum_{k=1}^{n} B\left(t_{k-1}+\frac{t}{2n}\right)(B(t_k)-B(t_{k-1}))$$

を考えると，$n\to\infty$ のときの極限は

＊1　伊藤の論文では，右辺の第1項に $\dfrac{1}{3}x_t^2$ とあるが，これは $\dfrac{1}{3}x_t^3$ のミスプリントである．英文では正しい形になっている．

$$\int_0^t B(s)dB(s)+\frac{t}{2}$$

となる．このことは，次のようにして示される．

$$\begin{aligned}&\sum_{k=1}^n B\Big(t_{k-1}+\frac{t}{2n}\Big)(B(t_k)-B(t_{k-1}))\\&\quad=\sum_{k=1}^n B(t_{k-1})(B(t_k)-B(t_{k-1}))\\&\qquad+\sum_{k=1}^n \Big(B\Big(t_{k-1}+\frac{t}{2n}\Big)-B(t_{k-1})\Big)(B(t_k)-B(t_{k-1}))\end{aligned}$$

と変形すれば，ブラウン運動の性質から上の式の右辺の第 2 項は $n\to\infty$ のとき $\frac{t}{2}$ に収束するので，上の式は

$$\int_0^t B(s)dB(s)+\frac{t}{2}$$

に収束する．これを

$$\int_0^t B(s)\circ dB(s)$$

の記号で表し，“対称確率積分” と呼ぶ．ときにはストラトノビッチ(Ruslan Leont'evich Stratonovich)積分またはフィスク(Donald Fisk)-ストラトノビッチ積分と呼ぶことがある．この記号を用いると，伊藤の公式は

$$f(B(t))-f(B(s))=\int_0^t f'(B(s))\circ dB(s) \tag{6.3}$$

となり，通常の微積分と同じ形のものになる．

これまでの話では，被積分関数は $u(t)=v(B(t))$ の形のものを考えた．しかし，本章の目標は，ブラウン運動の軌跡を刻々変形して，新たな運動の軌跡を構成することである．目標とする軌跡の時刻 t における値は，特別の場合を除いて，一般には 0 から t までのブラウン運動の軌跡に関係している．したがって，確率積分の被積分関数の t での値は $\{B(s), 0\leqq s\leqq t\}$ に関係するものまで考える必要がある．

このために，第 5 章の 5.1 節で考えたことを少し見直して広げて考える必要がある．5.1 節では軌跡の時間を $[0,T]$ に限定したが，ここでは時間の区間を $[0,\infty)$ とし，時間区間にこだわらず，5.1 節の場合と同じ記号

を用いる．これからは，$[0,\infty)$ 上の d 次元ユークリッド空間 $\mathbf{R}^d$ の値をとる連続関数 w で $w(0)=0$ なるものの全体を W^d と書くことにする．なお，明確に d 次元の場合に話をしていることが分かる場合は，単に W と書く．$\mathbf{R}^d$ の点 x, y の距離を $|x-y|$ で表す．$w_1, w_2 \in W^d$ に対して，$\|w_1-w_2\|_n=\max\{|w_1(s)-w_2(s)|;\, 0\leqq s\leqq n\}$，$n=1,2,\ldots$，とおき，$\rho(w_1, w_2)=\sum_{n=1}^{\infty}\|w_1-w_2\|_n/2^n$ とおけば，ρ は W^d の空間の距離になり，5.1 節で考えたウィナー測度をここで考えることができる．5.1 節で述べたウィナー測度に関することが成り立つことは前提にしてこれからの話を進める．

区間 $[0,t]$ の場合に 5.1 節で考えた σ-加法族に対して記号 $\mathscr{B}_t$ を使うことにする．このようにして，5.1 節の考え方により，$\mathbf{R}^d$ に値をとる $w(0)=0$ なる連続関数の空間 W^d 上に σ-加法族の集まり $\{\mathscr{B}_t; t\geqq 0\}$ が得られる．この集まりは単調増大列，すなわち $0<s<t$ ならば $\mathscr{B}_s\subset\mathscr{B}_t$ である．

確率積分の話は成分ごとに進められるので，当分 $d=1$ の場合について考える．伊藤[112]で考えられたこの概念は，近年多くの人により論じられ，一般的な枠組みが作られていて，それらを紹介する日本語の本も多く出版されている[76, 270, 271]．数学の話としてきちんとした話はこれらに譲り，ここではそれらがどんな考え方で進められているかを明らかにするのを目標にして進む．まず，確率積分の被積分関数 $f(t,w)$, $t\geqq 0$, $w\in W^1$ として，任意の $t\geqq 0$ に対して $f(t)$ が $\mathscr{B}_t$-可測となるものを考える．しかも t に関して右連続な場合だけを考える[*2]．

まず，$0=t_0<t_1<\cdots$ で $\lim_{t\to\infty} t_n=\infty$ をみたす列 $\{t_n\}$ が存在し，

$$f(t,w)=f(t_n,w), \qquad t_n\leqq t<t_{n+1}, \quad w\in W^1,$$

$$\sup_{i=0,1,\ldots}\ \sup_{w\in W^1}|f(t_i,w)|<\infty$$

をみたす $\{f(t,w)\}_{t\geqq 0}$ を考える．このときは，ブラウン運動 $\{B(t)\}_{t\geqq 0}$ に対する確率積分を

$$\int_0^t f(s)dB(s)=\sum_{i=0}^{\infty}f(t_i)(B(t_{i+1}\wedge t)-B(t_i\wedge t)), \qquad t\geqq 0$$

---

*2　ここに仮定したことから，$f(t,w)$ は発展的可測という性質をもつ．このことは，たとえば[270, 補題 2.4, 28 頁]で示されている．

と定める．ただし，右辺の無限和は各 t に対して有限和である．

一般に，先に述べた被積分関数としての可測性に関する条件をみたすもので，確率 1 で任意の $t \geqq 0$ に対し

$$\int_0^t f(s,w)^2 ds < \infty$$

となるときは，上で述べたような性質をみたす近似列が構成できて，その近似列に対する確率積分が収束し，W^1 の元になる．しかも，ここではその話に立ち入らないが，被積分関数 f の積分と考えるための特性を備えたものであることが示せる(上に挙げた文献を参照)．したがって，この極限を f のブラウン運動による確率積分と呼ぶ．しかも，通常の積分で成り立ついくつかの規則がこの場合も成り立つ．たとえば，上のように確率積分が考えられる f と g に対し

$$\int_0^t (af+bg)(s)dB(s) = a\int_0^t f(s)dB(s)+b\int_0^t g(s)dB(s), \quad a,b \in \mathbf{R}$$

のような基礎的な関係が示される．このようにして，ナノ水準で語られる世界の微粒子の偶然性を持つ運動解析のための微積分の出発点が伊藤によって始められた[112]．

この確率積分に関して特徴的なのは“伊藤の公式”と呼ばれる，変数変換に関する次の性質である．いま，$a(s,w)$, $s \geqq 0$, $w \in W^1$ を先に述べた確率積分が定義できるような関数とし，$b(s,w)$, $s \geqq 0$, $w \in W^1$ を同様の可測性をみたす，s に関して連続な関数とするとき，

$$X(t) = X(0)+\int_0^t a(s)dB(s)+\int_0^t b(s)ds$$

とおけば，2 回連続的微分可能な関数 f に対して

$$\begin{aligned} f(X(t))-f(X(0)) &= \int_0^t f'(X(s))a(s)dB(s) \\ &\quad + \int_0^t f'(X(s))b(s)ds+\frac{1}{2}\int_0^t f''(X(s))a(s)^2 ds \end{aligned} \tag{6.4}$$

となる．ここで，f' は 1 次導関数，f'' は 2 次導関数である．

この関係式も伊藤の公式と呼ばれ，確率積分を出発点とする微積分で中

心的な役割を果たすものである．被積分関数が $u(B(s))$，$s\geqq 0$ のときの公式はこの関係式の特別な場合である．

ここでは詳細には立ち入らないが，先に特別な場合に導入した対称確率積分の考えを一般化して導入すれば，十分一般の場合に，伊藤の公式を通常の微積分の場合と同じ形に書き換えることができる．すなわち上式の右辺は

$$\int_0^t f'(X(s))a(s)\circ dB(s)+\int_0^t f'(X(s))b(s)ds$$

の形に書き換えられる．ただし，$\circ dB(s)$ は対称確率積分を表す．詳しくは[118]または[108]で知ることができる．

$\mathbf{R}^d$ 上のブラウン運動 $\{B(t)=(B^1(t),B^2(t),\dots,B^d(t))\}$ の各成分が独立なことに注意して，d 次元のブラウン運動に関する確率積分は成分ごとに定める．十分滑らかな行列値関数 $A=(a_j^i(x))$ とベクトル場 $b(x)$, $x\in\mathbf{R}^d$ が与えられたとする．このとき，関係式

$$X^i(t)-X^i(0)=\sum_{j=1}^d\int_0^t a_j^i(X(s))dB^j(s)+\int_0^t b^i(X(s))ds,$$
$$t>0,\ i=1,2,\dots,d$$

をみたす $\{X(t)=(X^1(t),X^2(t),\dots,X^d(t))\}_{t\geqq 0}\in W^d$ で，各 t に対して $X(t)$ が $\mathscr{B}_t$-可測になるものを考える．

このとき，伊藤の公式を d 次元のときに一般化して考えると，次のことが分かる：十分滑らかな関数 f に対して

$$\begin{aligned}f(X(t))-f(X(0))&=\sum_{i=1}^d\sum_{j=1}^d\int_0^t\frac{\partial f}{\partial x^i}(X(s))a_j^i(X(s))dB^j(s)\\&\quad+\sum_{i=1}^d\int_0^t\frac{\partial f}{\partial x^i}(X(s))b^i(X(s))ds\\&\quad+\frac{1}{2}\sum_{i=1}^d\sum_{j=1}^d\int_0^t\frac{\partial^2 f}{\partial x^i\partial x^j}(X(s))g^{ij}(X(s))ds\end{aligned}$$

が成り立つ．ただし，g^{ij} は次で与えられる．

$$g^{ij}(x)=\sum_{k=1}^d a_k^i(x)a_k^j(x).$$

先に $\{a^i_j(x)\}$ と $\{b^i(x)\}$ を与えられたとして確率積分を用いる積分方程式を，常微分方程式の場合と同様に次の方程式を言い換えたものと考えて，これを $\{X(t)\}_{t\geqq 0}$ に関する確率微分方程式と呼ぶ．

$$dX^i(t) = \sum_{j=1}^{d} a^i_j(X(t))dB^j(t)+b^i(X(t))dt, \quad i = 1, 2, ..., d. \tag{6.5}$$

伊藤は，$d=1$ のとき，確率積分の概念を創始するとともに，この方程式が確かに解をもつことを，常微分方程式の理論における基本的手段である逐次近似法を用いて示している[112]．その方法が一般次元の場合も適用できることは，後年発表された論文で示されている．

現在確率解析と呼ばれる数学の新たな体系の萌芽であり，そのため伊藤はこの分野の創始者と言われている．伊藤がこのような数学の新たな展開に貢献できたのには一つの背景・特徴がある．それは，確率微分方程式の解をブラウン運動の関数と考え，前出のウィナー測度の像測度を考えることにより，拡散過程を構成しようとしたことである．

このようにして，リンドバーグの条件をみたす場合は，拡散過程は相関行列 (g^{ij}) の 1/2 乗の行列を用いてブラウン運動を刻々変形して得られる．一方，相関行列の逆行列 (g_{ij}) に対応してリーマン計量が定まる．この計量に対応するリーマン空間の測地線は平坦の場合の測地線，すなわち直線を刻々変形して，常微分方程式を用いて求める．大胆な言い方をすれば，両者はブラウン運動と直線とを置き換えるという同じ考え方に従っている．そのことを認めれば，拡散過程の構成をコルモゴロフの偏微分方程式を用いる方法から，リーマン幾何の常微分方程式を用いる方法に変えたことになる．

この類似を明確な数学の言葉で示したのは，イールス-エルウォーシー(James Eells, Kenneth David Elworthy)である．彼らは拡散過程の話を正規直交枠束(bundle of orthonormal frames)に持ち上げて行い，その後の発展の道筋を確立した．これらは伊藤のリーマン空間上の調和テンソルの話に拡散過程を用いる方法から出発した．その段階では通常の確率積分による伊藤の公式が用いられているので，計算は単純ではないが，現在は対称確率積分が用いられ，リーマン幾何の 1 次微分形式として明快な形になっている．ただその形を知るためには，入門的な本には現在のところ紹介されていないので，専門的なものに頼らざるを得ない(たとえば[108])．

ブラウン運動の特性をできるだけ明らかにするという本来の目的から少し外れるが，確率積分の話が生まれてくる頃の周辺の環境が成長していく様子を眺めるために，話を少し広げてみよう．まず，最初の論文の著者の所属が内閣統計局になっていることが目につく．実は，伊藤は東京大学の数学科を卒業直後に大蔵省(現在の財務省)の技官となり，一年後に上記の部局に異動している．併せて東京大学の研究嘱託でもあり，研究上の便宜は与えられていたが，本業の職務は研究ではなかった．確率論が生まれる頃はそのようなこともあったようであるが，20 世紀の半ば近くでそうした環境で将来に大きい影響を及ぼす研究が進められたことは驚きである．また，発表の日付は 1942 年となっている．前節の補足に述べたように，その頃は日本だけでなく，ヨーロッパでも，レヴィが自伝で述べているように，社会全体の動きが数学の研究にふさわしくなく，研究者同士の交流は極端に難しくなっていた頃である．コルモゴロフの提起に興味を持った研究者は，前節に述べたように，国際的に見れば多くいたが，当時の事情からそれらの人たちとの交流はとれない状況であった．伊藤は，ウィナーの成果，コルモゴロフの論文，レヴィの著書，それに加えてドゥーブのいくつかの論文を頼りにして，完全に独立にこの成果に到達したと思われる[148, 169]．

この成果が，「全国紙上数学談話会」誌に日本語で書かれているのも当時の事情を色濃く反映している．学術雑誌のみならず，出版全体が容易でなくなりつつあった．そもそも，外国語で書かれた数学の論文を発表する学術雑誌そのものが少なかった．一般に開かれた雑誌としては，Japanese Journal of Mathematics があった．それには，ほぼ同じ頃伊藤はレヴィ–伊藤表現の成果を発表していた．その他，関係者以外にも開かれたものとしては，Tohoku Mathematical Journal が知られていたが，若い研究者が日本であまり知られていない課題について発表するのは困難であった．また，日本学士院紀要があったが，それにはページ数制限があり，その範囲で体系的議論は不可能であった．

一方，当時日本における数学の研究にまつわる状況は大きく変わり始めていた．まず，大阪大学の数学科の新設，続いて九州大学や名古屋大学の数学科の新設が続き，伊藤自身も 1943 年，名古屋大学の助教授となり，研究に専念できることになる．しかし，全国に散らばった人たちの交流の機会は非常に少なかった．そのような交流の機会は，数学・物理学会のときくらいであった．そのような事情の一端は，佐々木重夫が東北大学の数学科の同窓会誌に寄せた文章から知ることができる．たとえば，東京と大阪でも，特急列車を利用しても半日かかるときの話である．

このような状況の中で，全国の研究者の交流を目指して，大阪大学の研究者の献身的な努力の下に進められたのが，「全国紙上数学談話会」誌である．当時，この種の複写は謄写版という方法しかなく，鉄筆で原稿を作成する必要があった．とくに，数学の文章を扱える業者は少なく，研究者自身が行わざるを得なかった．そのため，大阪大学の研究者が共同で作業を行い，発行を続けていた．どの範囲に配布されていたかを現在正確に知ることはできないが，相当広い範囲の人たちが手に入れることができたようである．そのため，正式の学術雑誌に発表されたものと違って，当時いろいろな環境の人の手に直接渡る可能性があった．その 1 人が丸山儀四郎である．彼は，伊藤と同様に，ウィナーの成果に興味を持ち，連続時間係数のガウス過程の性質の解明を進めていたが，伊藤の成果を戦争中も学び続けた[120]．内容や形式に制限はなく，いろいろなものが見られる．その中で伊藤[112]は現在通常の論文に見られる形式に近い形のものであるが，もう少し短文で簡潔なものである．伊藤は，このほかにも，“条件付ノ確率法則ノ定義ニ就テ” など 7 編の短い論文を同誌に投稿している．

日本語で書かれていることと当時の日本がおかれた情勢から，伊藤の成果に対する国外からの反応は見られず，1944 年，1946 年の確率積分に関する英文の論文が出版された後もそれほどの変化は見られない．国内でも，確率積分に直接取り組んだのは，丸山儀四郎以外に見当たらない．

丸山は，確率微分方程式の解法として，通常の微積分でよく知られている，コーシーの折れ線近似の方法を導入した．当時の種々の事情から丸山の成果の発表もまた 1950 年代になる．また，彼の折れ線の方法による研究から，ブラウン運動を滑らかなポテンシャル場で考えて W^d に導かれる測度がウィナー測度に絶対連続であることと，その密度関数の形も導かれる[185]．なお，この結果はギルサノフ(Igor Vladimirovich Girsanov)により独立に示されている．

確率積分に関する伊藤の考えの理解者は丸山だけであったが，1950 年前後に一変する．その動機をもたらしたのは，ドゥーブの助けによる伊藤の英文論文の公表である[113]．

そして，伊藤が生み育ててきた確率積分の話は，10 年の年月を経て，国の内外にかかわらず，誰もが接することができるものになった．加えて，関連する丸山の結果も，数年遅れたが，イタリアの学術雑誌に発表された．また，前節の補足に述べた長く続いた学術交流を妨げる障害も消え始め，確率積分への注目が国際的に集まり始めた．この流れの特徴は，1949 年に伊藤の原稿を受け取ったときの伊藤への手紙にあったドゥーブの言葉「確率積分の話はブラウン運動がみたすマルチンゲール性」に集約されている．

確率積分について伊藤以後の展開で，大きな節目は本尾実-渡辺信三によりもたらされる[200]．ここでは，当時広く研究されていたマルコフ過程の平均 0 の加法的汎関数についての確率積分が論じられている．これらの詳しい事情については，本尾実によるセミナーノートで知ることができる[199]．

先に述べたドゥーブの伊藤への手紙に述べられた考え方に沿った飛躍は，國田寛と渡辺信三によりもたらされた[162]．そこでは，ドゥーブに学んだメイエ(Paul-André Meyer)を始めとするフランスの人たちのマルチンゲールについての成果が生かされている．

この成果は，イールス-エルウォーシーの正規直交枠束上の話と相まって，マリアバンのウィナー空間上の部分積分の解析の中で生かされている．さらに，この方向の成果はウィナー空間上の超関数論として整備されている．これはウィナーが当初抱いた思いの実現と考えられる．

6.3　1 次元拡散方程式と偶然

フェラーは，単純な例を詳細に考察するため，話を直線上の 2 階微分作用素 $\frac{1}{2}\left(\frac{d}{dx}\right)^2+b(x)\frac{d}{dx}$ の次の変形から始めた．

$$\frac{1}{2}\frac{d^2}{dx^2}+b(x)\frac{d}{dx} = \frac{1}{2}e^{-2\int_0^x b(\xi)d\xi}\frac{d}{dx}\left(e^{2\int_0^x b(\xi)d\xi}\frac{d}{dx}\right)$$
$$= \frac{1}{2}\frac{d}{e^{2\int_0^x b(\xi)d\xi}dx}\frac{d}{e^{-2\int_0^x b(\xi)d\xi}dx}.$$

この形の作用素に対応する運動を考えることを，ブラウン運動をドリフト(drift)の下で考えるという．またはブラウン運動をポテンシャル $\phi(x)=2\int_0^x b(\xi)d\xi$ の下で考えるという．

$$s(x) = \int_0^x e^{-2\int_0^u b(\xi)d\xi}du, \qquad x \in \mathbf{R}^1$$

とおけば，$s(x)$ は単調増加関数であるので，この関数は $\mathbf{R}^1$ 上の新たな「座標」と考えることができる．さらに，$s(x)$ に考えている作用素を施せば0になる．すなわちこの作用素に対して調和である．ブラウン運動と調和関数の関係はフェラーの考察より前から知られていたが，1次元の場合で見れば，その役割が具体的に分かることがここに表れている．この座標を用いれば，

$$\frac{1}{2}\frac{1}{m(s)}\frac{d}{ds}\frac{d}{ds}, \qquad s \in \mathbf{R}^1, \quad m(s) > 0 \tag{6.6}$$

という形になる．すなわち1次元ブラウン運動に対応する作用素の正の関数倍になる．

この簡単な変形はもう1つのことを示唆している．フェラーは2階微分作用素の係数の範囲を一歩一歩広げていく方向でなく，抽象的な枠組みの中でどんな性格の量であるかを特徴づける立場で取り組んだ．彼は，この枠組みとして，6.1節で述べた線形作用素の半群についてのヒレ-吉田の半群理論を取り上げた．

なお，今日はマルコフ過程を取り扱う一般的かつ有効な枠組みとして福島正俊によるディリクレ空間の方法が知られている．これは古くから幾何の話で測地線に関連して用いられていたディリクレ内積に関する話を出発点とするものである．それらをマルコフ過程の考察に適した形に整理していくのはフェラーの一連の話の後である[72]．

ヒレ-吉田の枠組みを用いるフェラーの結果は，1950年をはさんで精力的に発表された．その数年後に伊藤清は2年間プリンストンに滞在し，

フェラーのところで研究を始めていたマッキーンと共同で，拡散過程の軌跡の形と動き方の視点でフェラーの成果の確率論的構造を明らかにした．先に述べた簡単な例のように真に 1 次元的な動きをする場合だけでなく，1 点で特異な動きをする場合も解明された．これらの 10 年に近い努力の成果は，シュプリンガー社から出版された[124].

伊藤やマッキーンがフェラーの結果の確率論的考察に取り組んでいた頃，マルコフ過程の研究の一新が世界的に進んでいた．たとえば，モスクワでもディンキン(Evgeniĭ Borisovich Dynkin)を中心に多くの若い研究者がこの動きに加わっていた．この動きの中で，通常の時間 $t \geqq 0$ だけでなく，軌跡がある集合 A に初めて到達する時刻 σ_A (集合 A への最初到達時刻と呼ぶ)の軌跡の位置が分かれば，軌跡が従うそれ以降の法則は過去の履歴に関係しないという性質が注目された．この性質を持つマルコフ過程を強マルコフ過程と呼ぶ．しかも，この性質はマルコフ過程に対応する半群 T_t が，十分広い範囲の条件をみたしていれば保証されている．さらに最初到達時刻だけでなく，この性質は一般的に停止時刻またはマルコフ時間と呼ばれるある特性をみたすランダムな時刻に対して保証されている．この性質から導かれることで我々の話に深く関わるのは次の性質である：

(ディンキンの公式)　$E_x[\sigma]<\infty$ とすると任意のマルコフ時間 σ と生成作用素 $\mathscr{G}$ の定義域*3に含まれる u に対して

$$E_x\Big[\int_0^\sigma \mathscr{G}u(X(s))ds\Big] = E_x[u(X(\sigma))]-u(x)$$

が成り立つ．ここで，出発点をはっきりさせるために x より出発する拡散過程の確率を P_x で表し，E_x はそれに関する平均を表す．

この関係式は，$E_x[\sigma]$ が違う場合でも $P_x(X(\sigma)\in B)$，すなわち $X(\sigma)$ の確率分布は変わらないことがあることを示している．つまり，拡散過程で考えて，σ をある集合への最初到達時刻とすると，このときのディンキンの公式は右辺は $X(\sigma)$ の確率分布のみに関係して，σ の大きさには関係していない．言いかえると，$X(\sigma)$ の散らばりと σ の大きさはそれぞれ別々

*3　マルコフ過程の生成作用素 $\mathscr{G}$ は，$\mathscr{G}u(x)=\lim_{t\to 0} t^{-1}(T_t u(x)-u(x))$ により定義される．定義域をどう選ぶかは状況に依存する．

に変化させることができることを示している．したがって，運動の軌跡の図形としての形とその上をどのような速さで進むかは別々に考えられることを示している．1 次元で言えば，左右の振れ方と動く速さは別々にとれる．このことは拡散過程の性質の解明に大きな役割を果たしている．

いま，1 次元拡散過程の性質の考察を進めるためには，まず各点で本当に左右に振れるかどうかを決める必要がある．そのためには，点 $x\in\mathbf{R}^1$ が拡散過程の正則点(regular point)という概念が必要である．これは，$\sigma_\pm=\lim_{\varepsilon\downarrow 0}\sigma_{x\pm\varepsilon}$ とするとき

$$P_x(\sigma_\pm=0)=1$$

となることである[124, 91 頁]．ただし，$\sigma_{x+\varepsilon}$, $\sigma_{x-\varepsilon}$ は，x から出発した拡散過程のそれぞれ $x+\varepsilon$, $x-\varepsilon$ への最初到達時刻である．これは次のように言うことと同じである．x から出発した拡散過程が $x+\varepsilon$, $x-\varepsilon$ のいずれかに初めて到達する時刻を $\tau(\varepsilon)$ とし，$p_+(\varepsilon)=P_x(\tau(\varepsilon)=\sigma_{x+\varepsilon})$，$p_+=\lim_{\varepsilon\downarrow 0}p_+(\varepsilon)$，$p_-(\varepsilon)=P_x(\tau(\varepsilon)=\sigma_{x-\varepsilon})$，$p_-=\lim_{\varepsilon\downarrow 0}p_-(\varepsilon)$ とおくとき，2 点の集合 $\{+,-\}$ 上の確率分布 μ_x $(\mu_x(\{+\})=p_+, \mu_x(\{-\})=p_-)$ が非退化，すなわち $p_+>0$, $p_->0$ となる．この証明のためには，話が 1 次元で進められていることを使っている．この確率分布 μ_x を点 x からの出発確率分布と呼ぶ．$\mathbf{R}^1$ の部分開区間 I が正則区間(regular interval)とは，任意の点 $x\in I$ が正則なことである．

正則区間 $[a,b]$ 上の拡散過程に対し，各点 x における出発確率分布の族 $p_+(x), p_-(x)$ に対し

$$s(a)=0,\quad s^+(x)=p_+(x),\quad s^-(x)=p_-(x)$$

となる単調増加関数 s を拡散過程の標準尺度と呼ぶ．拡散過程の区間の端点 a または b への最初到達時刻を σ とすれば

$$\frac{s(b)-s(x)}{s(b)-s(a)}=P_x(X(\sigma)=a),\quad \frac{s(x)-s(a)}{s(b)-s(a)}=P_x(X(\sigma)=b)$$

となり，通常の解析の話に出てくる調和関数と同種類の特性をみたしている．いま，

$$u^{*+}(x)=\lim_{\varepsilon\downarrow 0}\frac{u(x+\varepsilon)-u(x)}{s(x+\varepsilon)-s(x)}$$

という記号を用いれば，フェラーがたどり着いたのは，(a,b) 上の測度 m があって（m は速度測度または標準測度と呼ばれる），生成作用素 $\mathscr{G}$ が

$$\mathscr{G}u(x)=\frac{u^{*+}(dx)}{m(dx)},\quad x\in(a,b)$$

と表されることである．右辺は通常 $D_mD_su(x)$，$x\in(a,b)$ とも書かれる［124, 107 頁］．もう少し詳しくいうと，たとえば

$$\int_{[x,\xi]}\mathscr{G}u(\eta)m(d\eta)=u^{*+}(\xi)-u^{*+}(x),\quad \xi>x$$

となる．ところで，初めから座標が標準尺度にとられているならば，上の微分作用素は通常の2階微分で

$$\frac{1}{2}\frac{1}{m(x)}\frac{d^2}{dx^2},\qquad m(x)>0$$

で，係数 $m(x)$，$x\in(a,b)$ が正の形に表される．すなわち，測度 m が dx に関する密度を持ち，$m(dx)=2m(x)dx$ となる場合である．上の作用素に対応する拡散過程は，軌跡はブラウン運動の軌跡 $\{B(s)\}_{s\geqq 0}$ と図形としては同じで，その図形を進む速さを

$$\varphi(t)=\int_0^t m(B(s))ds,\quad t\geqq 0$$

の逆関数で決めると得られる．すなわち当時注目されていた「ランダム時間変更」で得られる［285］．これは，$m(dx)=2m(x)dx$ の場合であるが，一般の場合に同じ考えを適用することに伊藤–マッキーンは取り組んだ．彼らはたとえば，ある点 x で，その1点 $\{x\}$ の測度 m に関する値，すなわち $m(\{x\})$ が正のときは時間変更をどのように考えればよいかという問題を解決する必要があった．彼らは

$$\mathbf{Z}_t=\{s;B(s)=x,\ 0\leqq s\leqq t\}$$

に属する時刻で測度をどう決めるかを解決する必要があった．レヴィは1948年の著書でこの集合の特性量として x における局所時間（local time）と呼ばれる特性量 $\ell(t,x)$ を導入している．たとえば，$\mathbf{Z}_t$ の $[0,t]$ におけ

る補集合 $\mathscr{L}_n$, $n\geqq 1$ で ε より短い区間全体の長さなどから定まる．[124, 43 頁]にレヴィに提起された諸関係が $\varepsilon\downarrow 0$ の極限として示されることが系統的にまとめられている．

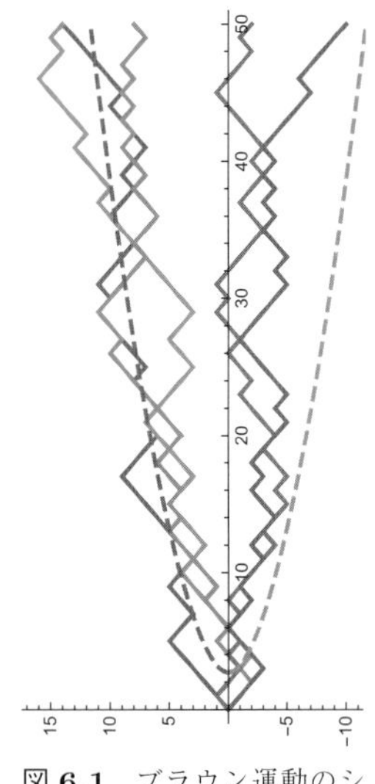

図 6.1　ブラウン運動のシミュレーション．

図 6.1 は図 5.1 に述べたようなブラウン運動の軌跡の酔歩による近似を縦，横を逆にした図である．長さ 50 歩の酔歩が 5 個描かれている．この図で，酔歩の軌跡が横線 $w(n)=x$, $n=0,1,...,50$ と交わる時点は経路ごとに異なる．この時点の集合とも考えられる $\mathbf{Z}_t$ の構造を表す量としての局所時間の重要性がレヴィによって指摘され，伊藤–マッキーンによりその特性が拡散過程の解明に活用された．これを用いると前に $m(x)$ に関連して導入した $\varphi(t)$ は

$$\varphi(t)=\int_a^b \ell(t,x)m(dx)$$

となり，フェラーにより解明された一般の場合も $\varphi(t)$ によるランダムな時間変更が可能なことが示される．これには，点 x での特性量としての局所時間 $\ell(t,x)$ は x の近傍にブラウン運動が滞在する時間の長さを ε で割った

$$\frac{1}{\varepsilon}\int_0^t I_{(x-\varepsilon,\,x+\varepsilon)}(B(s))ds$$

の $\varepsilon\downarrow 0$ とする量で近似されることが重要な役割を果たしている[280]．

現在は局所時間の定義はより簡明な方法が知られていて，多くの場合その方法が用いられている．この局所時間 $\ell(t,x)$ は前に述べたブラウン運動の軌跡が x に滞在するときだけ増加する．大胆な言い方をすれば，ブラウン運動はこの局所時間と，それが増加しない時間における軌跡の挙動に分解して考えることができる．

これまで見てきたように，ブラウン運動をめぐる偶然についての考察は，ウィナーの研究からコルモゴロフの一般枠の提起に従って，数学の話

として展開されている．その一方，数学での考察とは別に，自然現象に関連しても注目されていた．それらの成果は数学におけるブラウン運動の研究に密接に関連するだけでなく，数学に新たな刺激をもたらしている．

ファインマンは，朝永振一郎，シュウィンガー(Julian Seymour Schwinger)とともに 1965 年ノーベル物理学賞を受賞した広く知られた物理学者である．たとえば，彼が若くして導入した "経路積分" の考えはその著書にまとめられているが，現在物理学を始め多くの分野の解明の基礎理論で不可欠なものになっている[61]．彼は 1959 年に "There's Plenty of Room at the Bottom"(ナノ領域にはまだたくさんの可能性が残されている)と題する示唆に富む講演を行った[182, 66 頁]．ここには彼がこの講演で，機械や情報伝達システムのサイズ限界について考察したことが述べられている．この講演は多くの分野の人たちに刺激を与え，筋肉の動きを究明する理論模型としての分子の動きの解明につながっていく．

これらの動きが現れるには，将来分子モーターの考えが現実になるための出発点ともなる化合物の合成という化学の進歩が不可欠である．2016 年ノーベル化学賞は，その出発点を確かなものにしたソヴァージュ(Jean-Pierre Sauvage)，ストッダート(James Fraser Stoddart)，フェリンハ(Bernard Lucas "Ben" Feringa)の 3 氏に「分子マシンの設計および合成」の表題で与えられた[209]．通常，分子の中で電子はつなぎ合わされていることを想像するが，化学の世界では必ずしもそうでないことが示されている．分子の中にボンドでつながっていなくて，"わっか" みたいになっているものがある．それが媒質の中で左右に激しく動いている．それらを部品として用いる分子モーターではそれらのブラウン運動が現れる[2, 182, 209]．これら両側に激しく動いているものを片方に動けなくするには，ファインマンが指摘しているように，熱力学の第二法則，すなわちエントロピー増大則から，外部からのエネルギーなしにはできない．分子モーターでは，化学反応のエネルギーを用いて実現することが考えられている．分子マシンでは，両側に激しく振動するブラウン運動を化学反応で片側には動けなくするポテンシャルを作ったり，またそれらを解除することが考えられている．ここでは，ブラウン運動の動きを観測し，その軌跡の特徴の解明だけではなく，その動きの特徴を利用して自然の仕組みの究明に向かっている．

これらは，これまで述べた 1 次元拡散過程に関する数学の問題としては次のように述べることができる．正の半直線 $\mathbf{R}_+$ 上のブラウン運動を考え，ポテンシャル ϕ をどのようにとれば，原点 0 から $\mathbf{R}_+$ の内部に入ることができないようにすることは可能かという問題である．

この種の問題は，フェラーや伊藤-マッキーンで一般的に解明されている[124]．その結果によれば，分子モーターの数学模型の問題は，どんなときに原点は流入(entrance)でないか，というように言い換えることができる．この節の始めに決めた標準尺度 $s(x)$，速度測度 $m(dx)$ を用いて書けば，原点が流入でないことは

$$\int_{0+} m((0,\xi))s(d\xi) = \infty$$

となることと同等である[124, 108 頁]．もしポテンシャル ϕ が有界ならば，上の積分は有限になるので，原点は流入になる．たとえば，原点の近くで

$$\phi(x) = 1 - x^{\alpha}, \qquad 0 < \alpha < \frac{1}{2}$$

ならば，原点の近傍では有界になる．この場合

$$\lim_{x \downarrow 0} b(x) = \lim_{x \downarrow 0} \phi'(x) = -\infty$$

となり，原点では負の方向に無限大の力学的力が働いている．それにもかかわらず，ブラウン運動の正方向の内部へ働く力がまさる．次の例では原点は“流入でない”(長沢[205, 108 頁])．

$$\phi'(x) = b(x) = \frac{\sigma^2}{x} - \sigma\kappa x, \qquad \sigma > 0.$$

数学の話の発展に深くかかわるもう 1 つの話題がある．時代は少しさかのぼるが，1977 年のノーベル物理学賞は，ヴァン・ヴレック(John Hasbrouck van Vleck)，アンダーソン(Philip Warren Anderson)，モット(Nevill Francis Mott)に与えられた．アンダーソンとモットの研究は数学の話に直接的なつながりがある[3, 201]．3 人のノーベル物理学賞から間をおかず，シナイ(Yakov Grigor'evich Sinai)，ケステン(Harry

Kesten)はこれらの研究に関連して，各点 x で右に動くか，左に動くかの確率が，ランダムに変わる酔歩の考察を始めた[250, 141].

20 世紀の前半，物理学の進歩にかかわった多くの人がチューリッヒにいたことはこれまで述べてきた．数学ではワイルがいたこともよく知られている．4.4 節で述べた酔歩の再帰性についてのポリヤの仕事もここでなされた．ETH とチューリッヒ大学は道 1 つ隔てた隣合せにあって，1960 年頃 2 つの大学の共同講義が行われていた．両方の学生は自由に聴講できた．シナイはこの講義の担当者に招かれ，題材としてこのランダム環境(random environment)における酔歩を取り上げた．この講義に出ていたチューリッヒ大学の長沢正雄の下で研究を始めていた大学院生ブロックス(Thomas Michael Brox)は，この話をランダム環境におけるブラウン運動の場合に言い直した．そのために，連続関数 $w\colon \mathbf{R}\to\mathbf{R}$, $w(0)=0$ の空間 W 上のブラウン運動とそれをポテンシャルとする 1 次元拡散過程 $X(t)$ を考え，シナイの話と類似な議論を進めた．ただし，前に述べたこの $X(t)$ を決めるブラウン運動 $B(t)$ と環境を決めるブラウン運動 $W(t)$ は独立であることを仮定する．この考えは当時チューリッヒに滞在していた田中洋を始め多くの人に取り入れられ，数多くの解明が進められた[267]．酔歩ではなく，その極限としての理想状態で取り扱うことで，一連の話の性格が鮮明に理解できるようになった．

補足 6.3.1　話の本筋からはずれるが，この節で取り扱った話題の研究が進められた環境について述べる．第 2 次世界大戦が終わってもしばらくは日本とアメリカの研究者の交流は困難をきわめたが，ある時期から日本からアメリカへの一方向的な渡航が始まった．その多くがフルブライト(Fulbright)資金によるものであった．アンダーソンは 28 歳のとき，久保亮五の招きで，フルブライト資金による物理系奨学生の最初の人として来日した．ノーベル賞受賞講演で彼は，日本に親しみ，碁を知り，今も楽しんでいると語っている．当時の日本の若い物理学者との交流も深かったので，彼の研究については，その人たちを通じて数学関係者にも伝えられていた．若い人でフルブライト資金で日本に長期滞在したのは，数学関係ではマッキーンの 1957 年 9 月から翌年 6 月末までの京都滞在が最初である．

6.4　偶然事象の幾何学的考察，等温座標との関わり

毎年 4 月から 5 月頃になると，遠くゴビ砂漠で生まれる黄砂に西日本各地は悩まされる．近年はこの飛来途中の北京付近の上空汚染が激しくなって，黄砂の被害は一層大きくなっている．さらに最近では気候変動が激しく，その影響は東日本や東北地方まで及んでいる．これらの現象は第 1 章や 4 章で述べた 1 μm くらいの大きさの微粒子の，ペランによる観測結果に密接な関係がある．ただ大きな違いは，微粒子が浮遊して媒質自身が力学的要因で動いたり，温度や密度などが場所ごとに異なることである．すなわち，これらはこれまで述べてきたブラウン運動と基本的には同じものであるが，違いはどのようなところに現れるかが次の問題になる．これらの数理的側面からの解明には，典型的な場合は，2 階放物型偏微分方程式が用いられることはすでに 6.1 節でコルモゴロフの提案として述べた通りである．より詳しく見れば，これらの方程式は，6.1 節で見たように，正定値行列で与えられる相関行列と 1 階微分作用素で決まるベクトル場で表されている．そのような場合もこめて，1 次元の場合にどんな事情が現れるかをほぼ完全に近い形で解明したのが，6.3 節で述べたことである．

高次元の場合は事情が飛躍的に複雑になる．そこで状況を制限し，先に述べた相関行列が考えられる場合に事情を解明するには，我々はガウスまで帰らなければならない．偶然現象の話でガウスの名前を欠くことはできない．偶然的なものの散らばりは，典型的な場合には，ガウス分布に従っていることはこれまで繰り返し述べてきた通りである．ここではそれらとやや違った形で現れることに注目する．ガウスは 1777 年に生まれ，ゲッチンゲン(Göttingen)大学で学び，数学の理論的側面は言うまでもなく，応用の諸分野でも輝かしい足跡を残している[80]．彼は測地学の研究から曲面の曲がり方についてのすべてを決める話に進んでいった[80]．ガウスが曲面の解明に進む頃のことについてはギンディキン(Semen Grigor'evich Gindikin)の本に簡明に紹介されている[80]．ガウスの曲面に関する基本的論文 “曲面に関する一般的研究” は 1828 年に出

版されている．そこでは空間上の位置でなく，曲面の構造自体と結びつけられる性質を扱っている．

ガウスにやや遅れて登場するのがリーマンである．彼がゲッチンゲン大学の教授資格講演としてガウスたちを前にして述べた概念や課題は今日リーマン幾何学として体系化されている．そこで論じられていることは空間の次元で事情が大きく変わってくる．このことはリーマン幾何学を論じた本では繰り返し指摘されている(たとえば，アイゼンハルト[55]参照)．それのみならず小林昭七の著書のように，低次元の場合のみを論じたものも広く知られている[146]．ちなみに小林の著書の表題は“曲線と曲面の微分幾何”である．2 次元のときにどんなことが起きるかを見るために，数学の多くの分野で用いられている例を述べる．

[ポアンカレの上半平面]

$$D = \{(u,v) \in \mathbf{R}^2\,;\, u^2+v^2 < 1\}, \quad U = \{z=x+iy \in \mathbf{C}\,;\, y > 0\}$$

とおく．リーマン計量

$$ds^2 = 4\frac{(du)^2+(dv)^2}{(1-(u^2+v^2))^2}, \quad (u,v) \in D$$

と

$$ds^2 = \frac{(dx)^2+(dy)^2}{y^2}, \quad x+iy \in U$$

を考える．写像 $D \to U$ を

$$z = i\frac{1-w}{1+w}, \quad w = u+iv$$

で与えると，両者は同じリーマン計量であることが分かる．この計量をポアンカレ計量という．この計量の特徴は平坦な計量の正の関数倍の形をしていることである．このような形の計量については，たとえば回転面に関連して次に述べることが知られている[146]．

3 次元空間で座標 (x,y,z) を考え，そこで (x,z) 平面に z 軸と交わらない滑らかな曲線

$$x = f(u), \quad z = g(u)$$

を考え，それを z 軸のまわりに回転すると，

$$x = f(u)\cos v, \quad y = f(u)\sin v, \quad z = g(u)$$

という式で与えられる曲面が得られる．これは回転面と呼ばれる．この曲面を決めるリーマン計量は

$$(f'(u)^2 + g'(u)^2)(du)^2 + f(v)^2(dv)^2$$

となる[146, 165 頁]．いま，新たな座標 (ξ, η) を

$$\xi = \int^u \frac{\sqrt{f'(\widetilde{u})^2 + g'(\widetilde{u})^2}}{f(\widetilde{u})^2} d\widetilde{u}, \qquad \eta = v$$

で導入すれば，計量は

$$e^{-\rho(\xi)}((d\xi)^2 + (d\eta)^2), \quad \rho(\xi) = -2\log f(u(\xi))$$

の形に変形できる．ただし，u は ξ の関数であるので，それを $u(\xi)$ とおく．

この回転面の座標は，一般に曲面を決めるリーマン計量

$$ds^2 = g_{11}(dx)^2 + 2g_{12}dxdy + g_{22}(dy)^2$$

に対して座標 (u, v) が存在し

$$ds^2 = e^{-\rho(u,v)}((du)^2 + (dv)^2) \tag{6.7}$$

が成り立つ場合の具体的な例である．この性質が成り立つ座標 (u, v) を等温座標(isothermal coordinate)という．ここに紹介している小林の著書は前にも述べた通り基礎的な入門書であるが，典型的な曲面に関し等温座標の具体例を紹介した後に次の一文が述べられている．

> 「平面内の領域 D に与えられた一般のリーマン計量に対し，少なくとも局所的には等温座標が存在することが知られているが，これは偏微分方程式論に属する結果で…」(小林[146]，65 頁)

また，1909 年のアイゼンハルトによる幾何学の著書にも関連のことが紹介されている[55]．

この話で重要なことは，基本になる曲面は平坦なリーマン計量 $(du)^2+$

$(dv)^2$ を持つ平面で，そこから一般の 2 次元曲面の一つ一つの違いは等温座標の場合は係数に現れる．このことを対応する測地運動で言えば，運動の軌跡は常に図形としては直線でお互いの違いは長さの測り方が係数，すなわち関数 $\rho(u,v)$，に関係として現れる．

このことは，リーマン計量から決まる偶然的な運動の性質に対して次の形で反映される．一般に d 行 d 列の共分散行列 (g^{ij}) が存在し，その逆行列 $g{=}(g_{ij})$ も存在するときは，それに対して次の形の作用素

$$A=\frac{1}{\sqrt{\det g}}\sum_{i=1}^{d}\sum_{j=1}^{d}\frac{\partial}{\partial x^i}\left[\sqrt{\det g}\,g^{ij}\frac{\partial}{\partial x^j}\right]$$

を考え，ラプラス–ベルトラミ作用素と呼ぶ．いま 2 次元で，先に述べた等温座標 (u,v) がある場合は，ラプラス–ベルトラミ作用素は

$$e^{\rho(u,v)}\Delta_{(u,v)},$$

$$\Delta_{(u,v)}=\frac{\partial^2}{\partial u^2}+\frac{\partial^2}{\partial v^2}\quad \text{（座標 }(u,v)\text{ のときのラプラス作用素）}$$

の形に表される．このことは，等温座標が存在する場合は運動の軌跡が図形としてみれば ρ に関係なく共通で，$\frac{1}{2}\Delta_{(u,v)}$ に対応する 2 次元ブラウン運動の軌跡と同じであることを示す．お互いの違いは，その上を動く速さの違いとして現れる．その違いは，前節で述べた 1 次元の場合で標準尺度が存在するときと同様にランダムな時間変更として捉えられる．このことを簡単に局所的にブラウン運動と同じ到達確率分布を持つということがある．したがって，ラプラス–ベルトラミ作用素から決まる 2 次元拡散過程の局所構造の解明は，共分散行列によって決まるリーマン計量に対する等温座標の存在を示すことにより，その出発点が確立される．

このための画期的な第一歩は前に述べたように，ガウスの曲面の研究で踏み出されている[79]．彼は曲面を決めるリーマン計量がもし「実解析的」であれば常に等温座標が存在することを示している([79]，この事情は[273]に述べられている)．この成果は約 200 年の年月を経て，これまで繰り返し述べてきた微粒子の運動に現れる偶然量の散らばりの考察に生かされる．ガウスのこの方向の考察は，モーレイ(Charles Bradfield Morrey, Jr.)らの成果を経て，20 世紀になって決定的な飛躍を遂げる[198]．このことは，ガウスによって実 2 次元空間上の偏微分方程式の系

の話を複素 1 次元空間 $\mathbf{C}^1$ 上の問題として捉え直すことにより進められた．この捉え直しは，前世紀の半ば頃ベアズらで行われていたが，具体的な形はチャーン(Shiing-Shen Chern)の論文がよく知られている[15, 28].

$\mu(z)$ を複素 1 次元空間 $\mathbf{C}^1$ 上の可測複素関数で，$|\mu(z)| \leqq K < 1$ をみたすとする．このとき，

$$f_{\bar{z}} = \partial_{\bar{z}} f, \qquad \partial_{\bar{z}} = \partial_x + i\partial_y,$$
$$f_z = \partial_z f, \qquad \partial_z = \partial_x - i\partial_y$$

とおいて，

$$f_{\bar{z}} = \mu f_z$$

をベルトラミ方程式と呼ぶ．リーマン計量

$$ds^2 = g_{11}(dx)^2 + 2g_{12}dxdy + g_{22}(dy)^2$$

に対して

$$\mu(z) = a + ib, \quad a = \frac{g_{11} - g_{22}}{\lambda}, \quad b = \frac{2ig_{12}}{\lambda},$$
$$\lambda = g_{11} + g_{22} + 2\sqrt{g_{11}g_{22} - g_{12}^2}$$

を考える．ベルトラミ方程式の解が存在すれば，等温座標がその解より構成されるので，問題はこの方程式の解の存在に言い換えることができる．

前世紀の中頃，ベアズ，アールフォルス(Lars Valerian Ahlfors)，ニーレンバーグ(Louis Nirenberg)らに注目され，μ に他の条件なしに解を持つことが，当時解析学で広く注目されていた概念を活用して示された．たとえば，アールフォルス[1]ではカルデロン(Alberto Pedro Calderón)-ジグムントの特異積分が用いられている．

この結果は，局所的にブラウン運動と同じ到達確率分布を持つためには，リーマン計量が退化することなく有界なことだけが必要で，連続性などの条件が必要ないことを示している．その意味で，2 次元拡散過程の基本に関することを明らかにしている．

上の議論で大きな働きをする方程式の名前のベルトラミ(Eugenio Beltrami)は，1856 年の生まれでガウスよりやや遅く，リーマンとほぼ同じ

頃活躍したイタリアの解析学者である．

先に2次元の場合に等温座標の話は1次元の場合の標準尺度の役割を果たすと述べた．しかし，ここまで述べてきたことは，1次元と2次元のときでは話の出発点がやや違う．前者では各点で正則(regular)の定義から始まる．2次元のとき，この部分が未解明で相関行列の存在から始まっている．これらに伴う一般的な解明は道半ばである[90]．これまで2次元の場合に，拡散過程の振舞に関係する幾何や解析のいくつかの話を紹介してきた．ただ2次元の場合に限定して，話の全体像を知ることのできる著作は現在までのところ見当たらない．

これまでとは違って，ブラウン粒子のような偶然要因は x 方向のみで，その要因と y 方向のベクトル場で決まる力学的な要因が組み合わさって，平面全体に広がる2次元の偶然現象が知られている．たとえば，退化した2階偏微分作用素

$$\frac{1}{2}\frac{\partial^2}{\partial x^2}+x\frac{\partial}{\partial y}$$

に対応する2次元拡散過程がその典型である．

この運動の軌跡は，1次元ブラウン運動 $\{B(t)\}_{t\geqq 0}$ により

$$\left(B(t), \int_0^t B(s)ds\right)$$

として実現できる．このことからこの運動の軌跡は，平面の右半分では上方に，左半分では下方に進む．したがって，軌跡が描く図形はブラウン運動のものと根本的に違う．先に述べた軌跡の確率分布は2次元ガウス分布で，コルモゴロフが述べているように，その平均と分散を計算すれば推移確率が滑らかな密度関数を持つことが分かる[151]．このことは，ここで取り扱っている偏微分作用素を典型的な例とするヘルマンダー(Lars Valter Hörmander)[93]の準楕円型(hypoelliptic)作用素の話につながっている．このように，相関行列が退化する場合も，解析学の典型的問題の背景に偶然性を持つ運動の特徴が表れていることが次第に解明されてきている．

等温座標が考えられるのは，おおまかな言い方では，標準的な場合である．それと違って特異な場合がある．その典型として，軌跡の様子がその

位置によって劇的に変わる場合がある．これはより多くのブラウン粒子が偶然性を持つ場合である．3 次元ブラウン運動 $\{(B^1(t), B^2(t), B^3(t))\}_{t \geqq 0}$ を考え，1 次元ブラウン運動の $\{B^3(t)\}_{t \geqq 0}$ の 6.3 節で考えた 0 における局所時間を $\{\varphi(t)\}_{t \geqq 0}$ とする．このとき，2 次元拡散過程

$$\{(B^1(t)+B^3(\varphi(t)), B^2(t))\}_{t \geqq 0}$$

は x 軸を通過するときだけ，2 次元ブラウン運動と違って，x 方向に激しく振動する．したがって，2 次元ブラウン運動の軌跡とは違った特徴を持つ図形を描く．これは，2 次元ブラウン運動と 1 次元ブラウン運動の重ね合わせと考えられる．解析の話としては 2 次元ディリクレ空間と 1 次元ディリクレ空間の重ね合わせに相当する[277]．

3 またはそれより高い次元の場合は，2 次元の場合と事情が違う可能性がある．たとえば，3 次元の場合の滑らかなリーマン計量の場合でも，等温座標の話はコットンテンソル(Émile Cotton [34])と呼ばれるテンソルに関係することが微分幾何で古くから知られている[56]．

ブラウン運動と同じ到達確率分布を持つ拡散過程はどのような速度測度をとることができるかについてはマッキーン-田中[191]で考察されている．

リーマン幾何の成果は数学の多くに大きい影響を持っている．それにとどまらず応用分野で広く活用されている．たとえば，2016 年は彼の没後 150 年にあたり，それを記念して雑誌『現代思想』の特集号には幾何学の問題に限らず彼が残した広い範囲にわたる影響についての解説が述べられているが，幾何学的な話に限っても広範囲の分野に及んでいる．たとえば，その特集号に含まれている佐藤文隆の評論によれば，我が国最初のノーベル化学賞受賞者福井謙一は「自分もリーマン幾何の専門家である」と語っていたことが紹介されている．福井の研究には，化学反応に関連する空間で「経路」が考えられ，リーマン幾何学的な考察の結果が活用されているとのことである．これらの応用の分野では，ある範囲にある 2 点 x, y を最短距離 $d(x, y)$ で結ぶ測地線および x から出発し y に到達する測地線に沿う測地運動が大きな役割を果たしている．

測地距離は現在の拡散の話でも大きな役割を果たしている．たとえば，

6.1 節で考えたリーマン計量に対応するラプラス-ベルトラミ作用素から決まる拡散過程の推移確率のリーマン体積に対する密度関数 $p(t,x,y)$ は x,y に対し対称になり

$$\lim_{t\downarrow 0}(-2t\log p(t,x,y)) = d(x,y)^2$$

が成り立つ[92, 306 頁]．これは短い時間での拡散過程の軌跡の動きに関連し，拡散過程の多くの考察に関連している．これらは 2 次元に限らない話であるが，前に述べたように 2 次元で等温座標が存在すれば測地運動も簡明に表現できる．

6.5　スティルチェスの積率問題と出生死亡過程

この章ではこれまで，微分方程式やリーマン幾何とマルコフ過程の関連を焦点に考えてきたが，この節では少し違って積率問題を取り上げる．

ブラウン運動の推移確率は，有限区間の場合も正弦関数，余弦関数，すなわち三角関数を用いて表すことができる．このことは，微分方程式の話でよく知られている．もっと一般に，1 次元空間，すなわち直線上の軌跡が連続なマルコフ過程の推移確率の，フェラーの意味の 1 次元 2 階微分作用素の固有関数による表現の話として拡張されている[124, 189]．

これに関係することが強マルコフ性に密接につながっている．ディンキン図形の提唱などで知られているディンキンは，モスクワの若い研究者たちとともに前世紀の中頃マルコフ過程の研究を積極的に進めた．この中で重要な役割を果たしたのが強マルコフ性である．これはある集合へ軌跡が初めて到達する時間などについてもマルコフ性と同じことが成り立つということである．すなわち，その時間の位置が分かれば，それ以後の軌跡のみたす確率法則は過去の履歴に関係しないという特性である．この性質はブラウン運動をはじめ多くのマルコフ過程で成立している．しかし，ブラウン運動で局所時間を用いて状態空間の 1 点で軌跡の動きを変更すれば強マルコフ性が成立しないようにできる[124, 5.8 節]．このことと関連することが解析学で古くから知られているスティルチェスのモーメント問題の話に現れることを述べるのが，この節の目標である．

本節の冒頭に述べたことと類似の話が，非負の整数全体の集合 $\mathbf{Z}_+=\{0,1,2,...\}$ 上で考えられる．$\mathbf{Z}_+$ と $\mathbf{R}^1$ は，それぞれの点で左右の方向が考えられるところが共通している．$\mathbf{Z}_+$ 上のマルコフ過程で，ある点を離れるときは右隣と左隣だけに動くとする．点 $n\in\mathbf{Z}_+$ から出発したとき，それぞれの確率を $\lambda(n)$, $\mu(n)$, $n\in\mathbf{Z}_+$ とする．ただし，$\mu(0)>0$ のときは，マルコフ過程は吸収されてしまうと考える．つまり，0 から $\mathbf{Z}_+$ の点以外の余分の点に確率 $\mu(0)$ で移り，そこからは動かないと考え，その点を "枠" と呼ぶ．このような $\mathbf{Z}_+$ 上のマルコフ過程は，出生死亡過程(birth and death process)と呼ばれ，偶然事象の解明に古くから用いられ，確率論の初等的な本にも紹介されている[60, 11 章].

6.1 節で考えた生成作用素 A は，簡単な考察から次の形になることが分かる：

$$Au(0)=\lambda(0)u(1)-(\lambda(0)+\mu(0))u(0),$$
$$Au(n)=\lambda(n)u(n+1)+\mu(n)u(n-1)-(\lambda(n)+\mu(n))u(n),\quad n=1,2,...$$

すなわち，出生死亡過程は無限行列

$$A=\begin{pmatrix} -(\lambda(0)+\mu(0)) & \lambda(0) & 0 & 0 & \cdots \\ \mu(1) & -(\lambda(1)+\mu(1)) & \lambda(1) & 0 & \cdots \\ 0 & \mu(2) & -(\lambda(2)+\mu(2)) & \lambda(2) & \cdots \\ \cdots & \cdots & \cdots & \cdots & \cdots \end{pmatrix}$$

で決まる．

いま，$S(x)$, $x\in[0,\infty)$ を単調増加関数で，右連続かつ左極限をもち，次の関係をみたすものとする：

$$S(x)\ \text{は}\ [n-1,n)\ \text{で平坦},\quad S(n)-S(n-1)=\frac{1}{\lambda(n)\pi(n)},\quad n=1,2,...$$

ただし，$\pi(n)$ は次で与える：

$$\pi(0)=1,\quad \pi(n)=\frac{\lambda(0)\lambda(1)\cdots\lambda(n-1)}{\mu(1)\mu(2)\cdots\mu(n)},\quad n=1,2,...$$

さらに，$m(dx)$ を

$$m(\{n\}) = \pi(n), \qquad n = 1, 2, ...,$$
$$m((n, n+1)) = 0, \qquad n = 1, 2, ...$$

によって与えられる $[0,\infty)$ 上の測度とすると，生成作用素は

$$Au(n) = \frac{1}{m(\{n\})}\left\{\frac{u(n+1)-u(n)}{S(n+1)-S(n)} - \frac{u(n)-u(n-1)}{S(n)-S(n-1)}\right\}, \qquad n = 1, 2, ...$$

の形に書ける．したがって，出生死亡過程は 6.3 節で述べた標準尺度 $S(x)$，速度(標準)測度 $m(dx)$ の $[0,\infty)$ 上のフェラーの 1 次元拡散過程の一般化と考えられる．

この場合，生成作用素に対する固有関数を決める正規化した方程式を具体的に書き下すと次の形になる：

$$-(\xi(0)+\mu(0))Q_0(\xi)+\xi(0)Q_0(\xi) = -\xi Q_0(\xi),$$
$$\mu(n)Q_{n-1}(\xi)-(\lambda(n)+\mu(n))Q_n(\xi)+\lambda(n+1)Q_{n+1}(\xi) = -\xi Q_n(\xi),$$
$$n = 1, 2, ...,$$
$$Q_0(\xi) = 1.$$

そして，解は $[0,\infty)$ 上の多項式の系列 $\{Q_n(\xi)\}$ になる．

この多項式の系列を $[0,\infty)$ 上の正規直交系にする，すなわち

$$\int_0^\infty Q_i(\xi)Q_j(\xi)d\psi(\xi) = \begin{cases} 0, & i \neq j, \\ 1/\pi_i, & i = j \end{cases}$$

をみたす確率測度 ψ を求める問題は，19 世紀から知られている，スティルチェスのモーメント問題である [247, 249]．このような測度は少なくとも 1 つあり，しかもその測度が有限個の点だけに集中することはない [59]．したがって，推移確率の固有展開の話は，この場合はモーメント問題になる．

このような立場からの出生死亡過程の考察は，カーリン-マクレガー (Samuel Karlin, James L. McGregor) によって系統的に進められている [138]．そこでは，その言葉は用いられていないが，先に述べた一般化された標準尺度 $S(x)$，速度測度 $m(dx)$ が随所で用いられている．しかし，

ほとんど同じ頃に発表されたマッキーン[189]で示された 1 次元拡散過程に関する境界条件との，直交多項式に関するモーメント問題の解が一意的でない場合の具体的対応は求められていない．ただ，モーメント問題の解が一意的なことは，フェラーによる境界の分類で無限遠点が流出でも流入でもないことと同値であることが示されている．すなわち，

$$\sum_{n=1}^{\infty}\sum_{j=1}^{n} m(\{j\})(S(n)-S(n-)) = \infty,$$
$$\sum_{n=1}^{\infty}\sum_{j=1}^{n} (S(j)-S(j-))m(\{j\}) = \infty$$

と同等な条件が，モーメント問題の解がただ一つの場合として述べられている[124, 189]．

なお，出生死亡過程には他にも多くの考察があるが，イギリスで農業実験始め生物に関係する資料の統計処理とその理論的考察の先駆者であるフィッシャーの伝統を引くキングマン(John Frank Charles Kingman)やレーダーマン-ロイター(Walter Ledermann，Gerd Edzard Harry Reuter)などの成果がある[167]．

上に述べた 2 つの和がともに有限のときは，6.3 節で述べた 1 次元拡散過程についての話と同じ考えで，有限時間で到達できて，しかも再び内部に帰ってくることが証明できる．すなわち無限遠点でのあり方を決める必要がある．つまり，無限遠点での境界条件が必要になる．前に述べたように強マルコフ性を求めず，マルコフ性の範囲で考えればこの境界条件は 1 種類ではない．このことがスティルチェスのモーメント問題に反映している．なお，カーリン-マクレガーは有限状態の場合で近似することにより，一般の境界条件に対応する場合をすべて構成している．

第7章 ウィナー空間上の2次形式

7.1 レヴィの確率面積

この章では，話をブラウン運動そのものの話に戻す．とくに，2次元の場合を考える．5.2節で述べたように，ブラウン運動の軌跡は微分できない．したがって，その長さを定義できない．そこで，どんな軌跡の特性量が考えられるのかという疑問が生じる．

そのことを考えるために，少し横道にそれるが，まず通常の微積分でよく知られている滑らかな境界 C で囲まれた領域 D を考えてみよう[195]．まず，1次微分形式

$$\alpha = a_1(x)dx_1 + a_2(x)dx_2, \qquad x = (x_1, x_2) \in \mathbf{R}^2$$

の曲線 C に沿った積分を考える．曲線 C が $C\colon x(t)=(x_1(t), x_2(t))$，$A \leqq t \leqq B$ とパラメータで表されているとする．このとき，α の曲線 C に沿った積分は，

$$\int_C \alpha = \int_A^B \left(a_1(x(t))\frac{dx_1(t)}{dt} + a_2(x(t))\frac{dx_2(t)}{dt}\right)dt$$

と定義される．パラメータの変数変換

$$t = t(u), \quad A' \leqq u \leqq B', \quad t(A') = A, \quad t(B') = B$$

を考えれば，上の積分は

$$\int_{A'}^{B'} \left(a_1(x(u)) \frac{dx_1}{dt} + a_2(x(u)) \frac{dx_2}{dt} \right) \frac{dt}{du} du$$
$$= \int_{A'}^{B'} \left(a_1(x(u)) \frac{dx_1}{du} + a_2(x(u)) \frac{dx_2}{du} \right) du$$

となる．すなわち，パラメータを取り換えても，言い換えれば，進み方を変えても，この積分は不変である．ただし，どの方向に進むかにより，この積分の符号が変わる．したがって，曲線は“向き付き”と考える必要がある．その向きを変えると，1 次微分形式 α の C 上の積分が変わる [195].

平面上の 2 次微分形式 $\beta = b dx_1 \wedge dx_2$ の滑らかな曲線 C を境界にもつ領域 D 上の積分は，通常の重積分を用いて

$$\int_D \beta = \iint_D b(x) dx_1 dx_2$$

で定義される．このとき，よく知られているグリーン(George Green)の定理が成り立つ：α を 1 次微分形式とするとき，

$$\int_C \alpha = \int_D d\alpha.$$

したがって，とくに 1 次微分形式 $\alpha = \dfrac{1}{2}(x_1 dx_2 - x_2 dx_1)$ を考えれば，微分形式の演算規則から $d\alpha = dx_1 \wedge dx_2$ であるので，D の(符号付き)面積は α の境界 C 上の 1 次微分形式 α の積分になる．

このようにグリーンの定理から，曲線で囲まれる領域の面積は曲線の上の 1 次微分形式の積分に変えられる．ただし，曲線 $x(t) = (x_1(t), x_2(t))$, $A \leqq t \leqq B$ 上の 1 次微分形式の積分には，$\dfrac{dx_1(t)}{dt}$, $\dfrac{dx_2(t)}{dt}$ が現れる．ところが，通常の微積分からミクロの世界の微積分に移るときは，これらをブラウン運動 $B(t) = (B_1(t), B_2(t))$ から決まる確率微分 $dB_1(t)$, $dB_2(t)$ で置き換え，通常の積分から確率積分に移ればよいことは第 6 章で述べた通りである．

そこで，2 次元ブラウン運動 $B(s) = (B_1(s), B_2(s))$, $0 \leqq s \leqq t$ より決まる曲線を $B[0,t]$ とする．一般に，1 次微分形式 $\alpha = a_1(x) dx_1 + a_2(x) dx_2$ の $B[0,t]$ 上の積分を，対称確率積分を用いて，

$$\int_{B[0,t]} \alpha = \int_0^t \Big(a_1(B(s))\circ dB_1(s) + a_2(B(s))\circ dB_2(s)\Big)$$

と定める．いま，言葉の使い方を揃えるために，$B[0,t]$ があるとき，終点 $B(t)=(B_1(t), B_2(t))$ と原点 O を直線で結び，曲線は $B(t)$ から原点まで等速で動いているものを考え，その曲線を $B^*[0,t]$ で表す（図 7.1）．

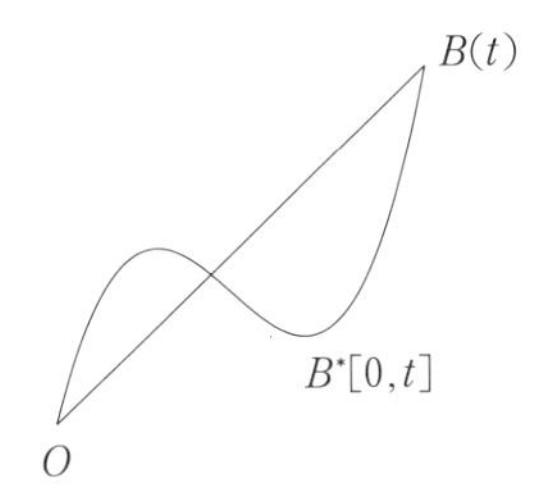

図 7.1　2 次元ブラウン運動の曲線 $B(t)$.

1 次微分形式 $\alpha=\frac{1}{2}(x_1dx_2-x_2dx_1)$ を考え，曲線 $B^*[0,t]$ 上の確率積分 $S(t)$ を

$$\begin{aligned} S(t) &= \int_{B[0,t]} \alpha \\ &= \frac{1}{2}\int_0^t \Big(B_1(s)dB_2(s) - B_2(s)dB_1(s)\Big) \end{aligned}$$

で定め，“レヴィの確率面積”（Lévy’s stochastic area）と呼ぶ[100]．直線上の部分は積分の値に貢献しないので，この場合は $S(t)$ は $B^*[0,t]$ 上の α の積分と見なせる．したがって，閉じた曲線上の積分とも考えられる．レヴィは同じ記号を用いているが，確率積分の概念でなく，5.3 節で述べたブラウン運動の三角級数によるフーリエ展開を用いてこの量を定義した[172]．なお展開の各項は滑らかな関数であるので，和と微分の順序の入れ換えを除けば，形式的にはレヴィによるものが，確率積分の概念を用いる定義によるものと同じ量を導くことは容易に分かる．レヴィが “area” という言葉を使ったのは，先に述べた滑らかな曲線の場合との類似を明らかにするためと思われる．ただ，実は，レヴィは早くから，曲線に関し長さに次ぐ，その曲線の囲む面積という意味で，この量に深い興味をもっていたと思われる．第 5 章の 5.3 節に述べたように，困難な研究環境にいたとき，確実な出版を期待してアメリカの雑誌に発表された 1940 年の論文で，早くもこの問題を考察している．そこでは，通常の微積分を超えて，確率的な方法が必要なことは分かったが，きちんとした結果は得られなかった[170]．しかし，10 年の時を経て，鮮明な形で多くの活用を導く結論に達している．

ブラウン運動のフーリエ展開を用いれば，確率面積は平均 0，分散 1 の

ガウス分布(正規分布)に従う独立確率変数の無限列の 2 次形式になる．したがって，数理統計の話でよく知られている χ^2 (カイ 2 乗)分布の計算と同じ考えで，$S(2\pi)$ の特性関数 $\phi_1(z)=E[e^{izS(2\pi)}]$ は

$$\phi_1(z) = \frac{1}{\cosh(\pi z)}$$

となることが分かる．このことから，$S(2\pi)$ の確率分布の密度，すなわち $\phi_1(z)$ のフーリエ逆変換 $f_1(x)$ は

$$f_1(x) = \frac{1}{2\pi\cosh(x/2)}, \quad x \in \mathbf{R}$$

となることが分かる．この分布は無限分解可能であるが，そのレヴィ測度は次の形になる：

$$\frac{1}{2x\sinh(x/2)}\,dx.$$

まったく同じ考え方で，$S(2\pi)=0$ という条件付きで考えた $S(2\pi)$ の条件付き確率分布の特性関数は，

$$\phi_2(z) = \frac{\pi z}{\sinh(\pi z)}$$

となり，条件付き確率分布の密度は

$$f_2(x) = \frac{\pi}{2\cosh^2(x/2)}, \quad x \in \mathbf{R}$$

となることが分かる[172]．このレヴィの公式は，次の形に拡張される：もし $\mathrm{Re}(\zeta)t<2\pi$ ならば，

$$E[e^{\zeta S(t)}|B(t)=y] = \frac{\zeta t/2}{\sin(\zeta t/2)}\exp\left[-\frac{\zeta}{4}\cot\left(\frac{\zeta t}{2}\right)|y|^2\right].$$

さらに，この公式をシュレディンガー作用素

$$\mathscr{L}_\lambda = \frac{1}{2}\sum_{j=1}^{2}\left(\frac{\partial}{\partial x_j}+ib_j(x)\right)^2,$$
$$b_1(x) = \frac{1}{2}\lambda x_2, \quad b_2(x) = -\frac{1}{2}\lambda x_1, \quad \lambda \in \mathbf{R}$$

に関連する話題として考えると，事情がよく分かる[100, 107]．

レヴィの確率面積の確率分布の計算で，ブラウン運動のフーリエ展開か

ら出発したときは，通常の微積分でよく知られている関係式[207]

$$\frac{\sin x}{x} = \prod_{n=1}^{\infty}\left(1-\frac{x^2}{n^2\pi^2}\right), \qquad \cot x = \frac{1}{x}+2x\sum_{n=1}^{\infty}\frac{1}{x^2+n^2\pi^2}$$

を用いる．このフーリエ展開を用いることなく，直接的な方法で確率面積の確率分布を求めることができれば，この微積分で知られた公式の証明になる．このような2つの方法で1つの等式を示すことは数学ではしばしば行われる．このことについては，次節で述べる．

確率積分のもう1つの特徴として次のことが知られている：確率積分は $\mathbf{R}^2$ 上の値をとる連続関数の空間 W 上の関数として連続ではない．このことは最初ウォング-ザカイ(Eugene Wong, Moshe Zakai)により指摘され，確率微分方程式と常微分方程式関連の考察で重要な役割を果たしている[303]．具体的に言うと，m 次元ブラウン運動 $\{B(t)\}$ を近似する区分的に滑らかな確率過程 $\{B_{(n)}(t)\}$ を考えて，確率微分方程式

$$dX^i(t) = \sum_{j=1}^{m} a_j^i(X(t))dB^j(t)+b^i(X(t))dt$$

と同じ係数を持つ常微分方程式

$$\frac{dX_{(n)}^i(t)}{dt} = \sum_{j=1}^{m} a_j^i(X_{(n)}(t))\frac{dB_{(n)}^j(t)}{dt}+b^i(X_{(n)}(t))$$

を考える．話は $n\to\infty$ のとき，常微分方程式の解は確率微分方程式との関係でどのような性質を持つかに関連する[108]．

この確率積分の W での不連続性は，今日ラフパス(rough path)理論と呼ばれている，一連の研究の出発の1つの動機になった[177]．この議論の中で，確率面積は基本的な役割を果たしている．

7.2 ヴァン・ヴレックの公式

図7.2は，19世紀の終わりから20世紀の初頭の科学の発展に名前を連ねた人たちが一堂に集まった写真である．ベルギーの実業家ソルベイの資金に支えられた第1回ソルベイ会議の折に写されたものである．

20世紀の初頭は，科学の世界に大波が寄せていた．この節で目標とす

図 **7.2**　第 1 回ソルベイ会議*1.

る問題を理解するために，まず 20 世紀初頭の科学の大飛躍に目を転じてみよう．しばしば科学と技術の時代と呼ばれ，極めて特別の時期のように言われる．たとえば，生物科学の分野で記念碑的な大発展があった．しかしながら，人々は自分が生きている時代こそは特別であると考えがちである．人類はこれまでも，時代を画する科学の大転換を幾度となく経験している．17 世紀の終わりの頃のニュートン力学の始まりがしかりであり，さらに 20 世紀初頭の量子力学の誕生がまたしかりである．5.5 節の太鼓の問題に登場したカッツは，[133, 250 頁]で次のように述べている．

「1925 年から 1940 年の間に，量子力学という偉大な体系が築かれ完成を見た．それは我々に，原子ならびに原子核の諸現象に関する深くかつ新しい見方を提供した.」

この量子力学の誕生という革命的な転換はどのような時期に，どのようにして始まったかについて，シュレディンガーの伝記の著者ムーアは，科学を「標準的科学」と「革命科学」に分けることを論じた後に，次のように述べている．

「これはいかなる基準から見ても革命科学であるが，いったい革命はいつ始まったのであろう．1913 年ニールス・ボーアが水素原子の

*1　https://commons.wikimedia.org/wiki/File1911_Solvay_conference.jpg

量子論を発表した時であろうか．あるいは1900年マックス・プランクが量子を導入した時であろうか．あるいはまたジェームズ・クラーク・マクスウェルが電磁波を発見した1861年の昔にまでさかのぼるべきだろうか．科学史は永久革命となるのだろうか．」[196, 3頁]

ここで，この話に立ち入ることはできないが，当時の変遷については，たとえば戸田盛和の著書に詳しい[274]．これによると，多くの著名な科学者の苦闘に終止符を打った，科学の革命の流れの決定的な幕開けは，1925年に24歳の若者ハイゼンベルク(Werner Karl Heisenberg)によってもたらされた．彼は，これまで量子条件に制約されながらも古典的描像のしがらみを背負っていた状況から完全に脱却し，新たな力学の考えを提唱した[85]．ミュンヘンで学位を取り，当時ゲッチンゲンのボルン(Max Born)のところで研究していた彼はボーア(Niels Henrik David Bohr)との議論に強い影響を受けてこの考えに到達した．彼は，ボーアの原子模型で完全に実験で観測可能な物理量だけに基づいた理論を展開しようとした．この考えを得たときの感激について，彼は次のように記している[86, 101頁]．

「最初の瞬間には私は心底から驚愕した．私は原子現象の表面を突き抜けて，その背後に深く横たわる独特の内部的な美しさをもった土台をのぞきみたような感じがした．そして自然が私の前に展開してみせたおびただしい数学的構造のこの富を，今や私は追わねばならないと考えたとき，私はほとんどめまいを感じたほどだった．」

さらに，彼はゲッチンゲンの著名な物理学者たちと共同で，新しい量子力学についての決定的な論文を発表した．これにより行列力学と呼ばれる理論体系が示された．

ハイゼンベルクにより量子力学の扉は開かれたが，その前方に広大で豊饒な大地が横たわっていることが，彼とは別の視点からシュレディンガーにより示された．彼は1926年ド・ブロイ(Louis Victor de Broglie)の物質波の考えを押し進め，今日波動力学と呼ばれている分野の夜明けを告げる，"固有値問題としての量子化"と題する一連の論文を発表する[237, 238]．彼は多くの別刷請求に応えるためもあって，これらと次の2編を併せ，理論の全体像を示す概要を付してあらたに印刷している[239,

240].

シュレディンガーは，最初定常状態を論じていたが，時間発展の問題を取り上げ，ハミルトニアン H に対する波動方程式は

$$i\frac{h}{2\pi}\frac{\partial\psi}{\partial t}=H\psi$$

で与えられることを示している[238]．ただし，h はプランク定数である．これは今日シュレディンガー方程式と呼ばれているものである．たとえば，スカラー場 V のときは

$$i\frac{h}{2\pi}\frac{\partial\psi}{\partial t}=-\frac{h^2}{8\pi^2 m}\Delta\psi+V\psi$$

となる．ここで，m は質量である．シュレディンガーの理論では，この方程式の解が物理状態を表すと考える．初期状態を表す $\psi(x)$ を与えたとき，それを初期条件とする $\psi(t,x)$ が時刻 t における状態を表す．実は，解 $\psi(t,x,y)$ が存在して

$$\psi(t,x)=\int\psi(t,x,y)\psi(y)dy$$

と表されることが知られているので，この $\psi(t,x,y)$ が決まると物理状態は完全に決まる．波動方程式の解は波動関数と呼ばれ，シュレディンガーにならって，今日でも ψ の記号が用いられることが多い(また，ϕ が用いられることもある)．この $\psi(t,x,y)$ はプロパゲータと呼ばれる．

このような輝かしき量子力学の誕生は，同じ頃産声をあげたブラウン運動やそれにまつわる話の解明に強い影響を与えた．それはシュレディンガーの考え方にそった形で現れることが多い．両者の違いは基本になる方程式の時間についての微分の項の係数が純虚数か実数かに現れる．

科学の転換期を記すような偉大な科学者の最も輝かしい活躍が，ある時期に集中することはよくあることである．たとえば，アインシュタインにとっては 1905 年がそうであったことは，すでに 3.2 節で述べた．それらは多くの場合 20 代とか 30 代の初期という若いときであることが多い．アインシュタインは 26 歳であった．シュレディンガーにとっては 1926 年の前半がまさにその時期であるが，そのとき彼は 38 歳の壮年期で，このような例はそれほど多くない．恐らくそのような年齢になると，それ

までに蓄積した業績に引きずられ，断絶するような飛躍は容易でないのかもしれない．シュレディンガーは，半年の間に見事にそのことを成し遂げた．しかも，彼の仕事は始めから全体の構想があって進められたものでなく，順次理解を深めていったものであることも驚異的である．このことについて彼は，6 編の論文を集めた論文集の序文で次のように述べている[235, 14 頁]．

「最近ある若い女性の友人が，“実際はあなた自身，はじめ仕事にとりかかったとき，こんなにすっきりとした素敵なものが生まれてくるということは，予想もしなかったのではないでしょうか” と著者に問いかけた．この言葉には，世辞としての当然な制約があるとしても，私には全く賛成するところがあって，それはここに一巻にまとめられたいくつかの仕事は，相ついで現われてきたものであることを想起させるのである．後の章で明らかになったことが，それより前の章では筆者にとって未知であることもしばしばあった．」

シュレディンガーについてのいろいろな個人的なことは，彼の生涯や考え方の全体像を詳しく紹介しているムーアによる伝記で知ることができる[196]．それによると，シュレディンガーはほとんど一人でこの一連の仕事を続けるが，唯一の例外は，数学者ワイルの協力である．また，シュレディンガーの論文には，クーラン-ヒルベルトの著書(1924)が引用されている[35]．このことは，5.1 節で述べたように，ウィナーもヒルベルトの講義に出たことがあるが，ヒルベルトにより主導された 20 世紀前半の数学の新たな発展が当時の自然科学の発展を下支えしていることを示す一例とも言える．

話は少し横道にそれるが，シュレディンガーは 1927 年にブリュッセルで開かれた第 5 回ソルベイ会議に，理論物理の第一人者として出席している．ムーアの本にはそのときの集合写真が掲載されているが，図 7.2 の第 1 回会議の写真では後列に写っていた若いアインシュタインがここでは前列の中央にいる(図 3.7 参照)．シュレディンガーは格式張ったことを好まなかったようで，他の人たちが高襟の異彩を放つ服装だったのに，彼一人だけやや違っていたとムーアは言っている．

シュレディンガーの画期的成果はチューリッヒで生まれるが，彼はオーストリアのウィーン生まれで，現在オーストリアでは大変尊敬されている．たとえば，ユーロ導入以前は主要通貨の一つであったシリングの，1000 シリング紙幣は彼の肖像で飾られていた．ウィーンのボルツマン通り 9 番地にシュレディンガーを記念する研究所がある．

話は変わるが，量子力学誕生の激動は西ヨーロッパ大陸の各地を中心に動いていたが，アメリカの研究者たちもこの動きに注目することを忘れていない．シュレディンガーは 1927 年暮れから 1928 年にかけてウィスコンシン大学の招待で渡米し，アメリカ各地の有名な大学で，約 3 ヶ月の滞在で 50 回以上の講演をする強行日程をこなしている[196, 262 頁]．その折，マジソンでの歓迎会で会った若者についてシュレディンガーが，「ヴァン・ヴレックは自分自身で表現しきれないほど深い考えをもっている」と言ったとムーアは述べている[196, 263 頁]．この若者こそ，2 次のポテンシャルのとき，シュレディンガー方程式が厳密解を持つことを示し，量子力学と古典力学との関係を明らかにした論文をその年に発表した人である[283]．また，第 6 章で述べたように 1977 年のノーベル物理学賞の受賞者である．

ヴァン・ヴレックの成果を標語的に言えば，「量子力学の中から古典力学的な特性量を引き出し，スカラー場，ベクトル場ともにポテンシャルが 2 次の場合は，体系は後者で完全に決まることを示したこと」である．なお，彼が用いた内容について，彼に先行して関連することがある．このことは，ヴァン・ヴレック自身により注意されている．

ブラウン運動に，ここで述べてきた量子力学の話がどう反映しているのかを知るのが当面の目標である．これをスカラー場 V の場合で考えると，運動の状態が熱方程式

$$\frac{\partial u}{\partial t} = \frac{1}{2}\Delta u - Vu$$

で決まることはこれまで述べた通りである．この方程式は，先に述べたシュレディンガー方程式と非常によく似ている．違いでとくに目立つのが，左辺の時間 t の 1 階微分の係数が，シュレディンガー方程式の場合は複素数になっていることである．この違いを超えて両者の類似性はどのように現れるかを見るのがここでの問題である．

シュレディンガーの考え方の次の発展は，ファインマンによる経路積分の概念の導入によりもたらされる．彼は，第2次世界大戦が終わる少し前にロスアラモスからコーネル大学に移るが，プリンストン大学の学生のとき以来考えていた経路積分の考えをセミナーで紹介した．これに出席していたカッツは，シュレディンガー方程式と経路積分の対応に相当することがウィナー測度を用いると現在の数学の枠組みの中で見られるのではないかと感じ，早速その具体化に取りかかる．彼は，P をウィナー測度とすれば，初期条件 f の適当な条件をみたす熱方程式

$$\frac{\partial u}{\partial t} = \frac{1}{2}\Delta u - Vu$$

の解は，

$$u(t,x) = \int_W f(x+w(t))e^{-\int_0^t V(x+w(s))ds}P(dw)$$

によって，期待値(ウィナー測度に関する積分)の形で与えられることを現在の数学の通常の形の推論で示した．この結果は今日，“ファインマン-カッツの公式”と呼ばれている[129]．この場合で，とくに重要なのは，

$$V(x) = \alpha|x|^2, \qquad \alpha > 0$$

の場合で，一見複雑になるがよく知られた関数を用いて書き下すことができる：$x=(x_1, x_2)$ に対し，

$$\int_{W^2} f(x+w(t))e^{-\int_0^t \alpha|x+w(s)|^2}P(dw) = \int_{\mathbf{R}^2} f(y)p_\alpha(t,x,y)dy$$

となる[108]．ただし，

$$p_\alpha(t,x,y) = \prod_{i=1}^{2} \frac{\exp\left[-\frac{\sqrt{2\alpha}}{2}\coth(\sqrt{2\alpha}t)(x_i^2 - 2x_iy_i\,\mathrm{sech}(\sqrt{2\alpha}t) + y_i^2)\right]}{\sqrt{2\pi(2\alpha)^{-1/2}\sinh(\sqrt{2\alpha}t)}}$$

である．

スカラーポテンシャルの場合のカッツの考えにならって，ヴァン・ヴレックの考えの類似をウィナー測度について考える．事情は大きく違う．まず，この場合をウィナー空間の問題と考えようとすると，問題を組み立て

るための作業の段階で確率積分に関連することが出てくる．この話の類似は経路積分には見当たらない．

これから，話を 2 次のベクトル場に対することに制限する．まず，2 次元ウィナー空間 (W,P) を考える．$x\in\mathbf{R}^2$, $w\in W$ に対し，$w_t^x=x+w(t)$ とおく．さらに記号

$$S(t,x)=\int_0^t \langle Jw_t^x, dw_t^x\rangle, \qquad J=\begin{pmatrix}0 & -1\\ 1 & 0\end{pmatrix}, \quad t>0, \quad x\in\mathbf{R}^2$$

を考える．これは，前の節で導入した確率積分と本質的に同じものである．

$c\in\mathbf{R}$ に対して，

$$q(t,x,y)=E\Big[e^{\sqrt{-1}cS(t,x)}\Big|w_t^x=y\Big]\frac{1}{2\pi t}e^{-\frac{|y-x|^2}{2t}}, \quad x,y\in\mathbf{R}^2, \quad t>0$$

とおく．また，ラグランジアンの類似物 L を

$$L(q,\dot q)=\frac{1}{2}|\dot q|^2-\frac{\sqrt{-1}}{2}c\langle Jq,\dot q\rangle, \quad q,\dot q\in\mathbf{R}^2$$

と定め，作用積分の類似物を

$$S_{\mathrm{cl}}(t,x,y)=\int_0^t L(\phi_{\mathrm{cl}}(s),\dot\phi_{\mathrm{cl}}(s))ds$$

で決める．ただし，ϕ_{cl} は古典軌道，すなわち，ラグランジアン L に付随したニュートン方程式

$$\frac{d^2\phi}{dt^2}-\sqrt{-1}cJ\frac{d\phi}{dt}=0$$

の解とする．このとき，量子力学のときのヴァン・ヴレックの考えと類似の推論で

$$q(t,x,y)=\frac{1}{2\pi}\Big(\det\Big(\frac{\partial^2 S_{\mathrm{cl}}(t,x,y)}{\partial x\partial y}\Big)\Big)^{-1/2}e^{-S_{\mathrm{cl}}(t,x,y)}$$

が成り立つ．ただし，

$$\frac{\partial^2 S_{\mathrm{cl}}(t,x,y)}{\partial x\partial y}=\Big(\frac{\partial^2 S_{\mathrm{cl}}(t,x,y)}{\partial x^i\partial y^j}\Big)_{i,j=1,2}$$

とする．

これを具体的に計算すると，前節で示した確率面積の確率分布の具体的な形が求まる．なお，上に現れた行列を，量子力学の場合にならって，ヴァン・ヴレックの行列と呼び，$q(t,x,y)$ のその行列式による表示をヴァン・ヴレックの公式と呼ぶことがある．この部分およびその具体的な計算については[100, 107]などに紹介されている．前の節でブラウン運動のフーリエ展開を用いて確率面積の確率分布を計算した．ここでは同じ量をヴァン・ヴレックの行列を用いて計算できることを述べた．こうして得られた2つの量は同じものの計算結果であるので当然両者は一致する．前節に述べたようにこのことを示すのが，前節の計算で用いた三角関数に関する公式である．

確率面積は2次のウィナー汎関数である．これはウィナー空間上の2乗可積分関数全体の多重ウィナー積分による直和分解で2重ウィナー積分で表現される部分の元という意味に用いられている．これらの話は，そもそもはウィナー自身が考えた多項式による分解を通常の直和分解と同様な話として進めるために導入されたものである[114, 115]．

数学の多くの話に出てくる，オイラー数，ベルヌーイ数は

$$\operatorname{sech} z = \frac{2}{e^z+e^{-z}} = \sum_{k=0}^{\infty} \frac{E_k}{k!} z^k,$$

$$\frac{z}{e^z-1} = \sum_{k=0}^{\infty} \frac{B_k}{k!} z^k$$

で定められる(図7.3)．ところが，これらの量はブラウン運動の軌跡の確率面積 $S(1,w)$ より次の形で決まることが分かる[106]．

REMARQUES

SUR UN BEAU RAPPORT ENTRE LES SÉRIES DES PUISSANCES TANT DIRECTES QUE RÉCIPROQUES.

PAR M. L. EULER *).

1.

Le rapport, que je me propose de développer ici, regarde les sommes de ces deux séries infinies générales:

☉ . $1^m - 2^m + 3^m - 4^m + 5^m - 6^m + 7^m - 8^m +$ &c.

☽ . $\frac{1}{1^n} - \frac{1}{2^n} + \frac{1}{3^n} - \frac{1}{4^n} + \frac{1}{5^n} - \frac{1}{6^n} + \frac{1}{7^n} - \frac{1}{8^n} +$ &c.

dont la premiere contient toutes les puissances positives ou directes des nombres naturels, d'un exposant quelconque *m*, & l'autre les puissances négatives ou réciproques des mêmes nombres naturels, d'un exposant aussi quelconque *n*, en faisant varier alternativement les signes des termes de l'une & de l'autre série. Mon but principal est donc de faire voir, que, quoique ces deux séries soient d'une nature tout à fait différente, leurs sommes se trouvent pourtant dans un très beau rapport entr'elles; de sorte que, si l'on étoit en état d'assigner en général la somme de l'une de ces deux especes, on en pourroit déduire la somme

L 2 de

*) Lu en 1749.

図7.3 オイラーの原論文「逆数のベキ級数と元の級数との間の見事な関係についての考察」．

$$E_n = E\big[S(1,w)^n\big],$$

$$B_n = (\sqrt{-1})^n \sum_{k=0}^{n} E\left[\left(S(1,w)+\frac{\sqrt{-1}}{4}|w(1)|^2\right)^k\right]$$

$$\times E[S(1,w)^{n-k} \mid w(1)=0], \quad n=1,2,\ldots$$

このようにして，偶然の話と関係なく，数学の話の中に生まれてきたこれらの量が，刻々と変化する偶然事象の極限としての理想像であるブラウン運動の基本につながることが分かる．数学ではよくあることだが，古くから知られていたことが時代を超えて新たな局面が見えてくることの一例になっているとも言える．これらの話はオイラー多項式やベルヌーイ多項式の場合も類似の形で示すことができる[106].

極限の話が数学の枠をこえて注目されていることについては 5.2 節でトルストイの話を述べたが，極限の持つ理想像については洋の東西を問わず，人々の注目をひいている．医師でもあった明治時代の高名な作家森鷗外は次の一文を残している[197, 284 頁].

> 「一番正確だとしてある数学方面で，点だの線だのと云うものがある．どんなに細かくぽつんと打ったって点にはならない．どんなに細くすうっと引いたって線にはならない．…点と線は存在しない．例の意識した嘘だ．しかし点と線があるかのように考えなくては，幾何学は成り立たない.」

このようなトルストイや森鷗外の考えはニュートン力学に基礎を持つ極限の存在にかかわって生まれるものであるが，先に述べた等式は，連続時間の偶然運動の極限として得られるブラウン運動を考えれば，偶然現象の世界を見るときにも，トルストイや森鷗外の考え方が生きていると言える．

話は少し変わるが，ここでベルヌーイ数やオイラー数の生まれてきた頃に立ち返る．ベルヌーイ数 B_k, $k=1,2,\ldots$ はヤコブ・ベルヌーイ 1 世により導入された．同じ頃，日本の関孝和によっても研究されていた[163]. これらは 1712 年の関の遺稿，1713 年のベルヌーイの遺稿に見られる．ベルヌーイは一族の多くが，研究者としても，また社会的にも活躍したことで知られている．ヤコブの祖父が，オランダから 16 世紀の後半にスイスの小都市バーゼルに移住してきた．海のないスイスでは珍しいことであるが，バーゼルはライン川に面した水上交通の要所でドイツやフランスと直接つながっている．彼は数学の多くの分野で実績を残しているが，その 1 つが偶然事象を取り扱う確率論である．その発展の初期に，ベルヌーイ試行列を始め，数多くの彼の名前をつけた結果が知られている．

この数列と関係深いのが，オイラー数である．オイラーは数学でベルヌーイに関連するのみならず，個人的にも深いつながりがある．オイラーもまたバーゼルの生まれで，ヤコブ・ベルヌーイ1世の弟，ヨハン・ベルヌーイ(Johann Bernoulli)1世に数学の手ほどきを受けている．オイラー自身が次のように述べている．

「私は，毎週土曜日の午後，自由に[ヨハン・ベルヌーイを]訪問することが許され，しかも彼は私が理解できなかったことに関してすべてを快く説明してくれた」[48, 2頁]

ヨハン・ベルヌーイとは今日の通常の師弟関係というのではなく，ヨハンは数学の研究に進む道筋を個人的に助言していた．ヨハン自身も，当時の高名な数学者であり，人を褒めることは稀にしか見られなかったと伝えられているが，その彼すら後年，次の一筆をしたためたと言われている．

「私は，いわば高等解析学の幼少期を与えたにすぎないが，あなたはそれを十分に成長した大人のレベルまでもっていきました．」[48, 3頁]

ヨハンの息子ダニエル・ベルヌーイ(Daniel Bernoulli)は，1725年新設のサンクトペテルブルクのアカデミーの招きでロシアに赴いた．1年後にオイラーはその同僚として招かれた．ダニエルは1733年スイスのアカデミーの職に就くためスイスに帰国したが，オイラーはその後の研究活動をその地で過ごし，前に述べたようにサンクトペテルブルクに強大な数学の環境を整えた．オイラー自身は生涯の研究生活をその地で過ごすが，スイスの人々は彼の生誕の地であることを誇りとして，10フラン札は彼の肖像になっている(図7.4)．なお，スイスは日本と同様で比較的物価が高く，これは日本の1000円くらいで広く使われる紙幣でなじみの深いもの

図 **7.4**　オイラーの肖像が描かれたスイスの10フラン札．

である.

また，前々段でベルヌーイ数は関孝和も，ベルヌーイと同じ時期に，独立に発見していたと述べた．その話は彼の遺著『括要算法』にある．これは 4 巻からなるが，その中で第 1 巻「垜積術」の第 2 章に

$$s_p(n) = 1^p+2^p+\cdots+n^p$$

について述べられていて，その途中でベルヌーイ数が現れる．

なお，関孝和は 17 世紀後半，縦書きの代数式や行列式の導入など，和算の発展に欠くことのできない貢献をした傑出した江戸時代の数学者である[39]．ここでは小川束の解説に従って，関がベルヌーイ数を発見する道筋を述べる[211]．次の再帰関係

$$\begin{aligned} &B_0 = 0, \\ &k+1 = B_k\binom{k+1}{k}+B_{k-1}\binom{k+1}{k-1}+\cdots+B_0\binom{k+1}{0}, \quad k = 1, 2, \ldots \end{aligned}$$

をみたす数列 $\{B_k\}$ が求まると

$$(k+1)s_k(n) = B_k\binom{k+1}{k}n+B_{k-1}\binom{k+1}{k-1}n^2+\cdots+B_0\binom{k+1}{0}n^{k+1}$$

となり，彼の目的は達成される．このような $\{B_k\}$ があれば

$$\frac{z}{e^z-1} = \sum_{k=0}^{\infty}\frac{B_k}{k!}z^k, \quad z \in \mathbf{R}$$

が成り立つので，関が求めた数列 $\{B_k\}$ はベルヌーイ数列になる．関の再帰条件から上の関係式を示すことは，指数関数の展開

$$e^z = \sum_{k=0}^{\infty}\frac{z^k}{k!}$$

を示すことと同じである．

関はどうやってこの再帰条件を見つけたか？ 小川の解説によれば，関は

$$B_1 = \frac{1}{2}, \quad B_2 = \frac{1}{6}, \quad B_3 = 0, \quad B_4 = -\frac{1}{30}, \quad B_5 = 0, \quad B_6 = \frac{1}{42}$$

を実際に求めている．彼は一般の計算の進め方として，次の3段階に従って進んでいる．(a)いくつかの実例を計算し，それから，(b)その先の一般の場合を得るアルゴリズムを推定し，(c)それをすでに計算した実例に適用し，考えたアルゴリズムの確かさを示す．この場合も恐らくこのように進んだのであろう．

これまで微積分の結果と偶然事象の世界の結果の対応をいくつか考えてきた．ここで一回立ち止まって，これらの話に共通する特徴を示すことを試みる．

まず，微積分で基本になる直線運動には，刻々と偶然性が増していく世界ではブラウン運動が対応している．この対応は熱方程式で与えられる．もう少し具体的には，その対応は熱方程式の基本解であるガウス核で与えられる．その核は2点を結ぶ測地線，すなわち直線で特徴づけられている．

通常の解析学で最も典型的な関数である指数関数や三角関数に対してはその変数をブラウン運動の軌跡の出発点からの距離の2乗や確率面積で置き換えたウィナー空間上の関数が対応している．大胆な言い方をすれば，この両空間の対応を決める写像は，平均をとる作用，すなわちウィナー測度に関する積分，または条件付き平均である．このような単純な対応で，ニュートン力学が働く運動を語る空間と偶然性を伴う運動を語るウィナー空間とのもっとも簡単で典型的な写像が論じられている．さらに，これらの対応を考えることはブラウン運動を2次のポテンシャル場で考えることに密接な関連がある．ウィナー空間上でこの写像についての話を進めるときの基本的な役割を担うものとして，6.1節，6.2節の確率積分とそれに関する伊藤の公式が現れる．

話は本筋から離れるが，福沢諭吉の菓子屋の話を紹介した安野光雅のエッセイはスイスの保険産業の隆盛の話の最中にバーゼル生まれのベルヌーイやオイラーについて思い浮かべる話で結ばれている[4]．保険と数学の結びつきは，スイスのみならず北ヨーロッパや我が国でも古くから見られる．また，公的資金が極めて少なかった1976年に京都で催された確率微分方程式についての国際会議の報告の序文には，その会合に生命保険協会や海上火災保険協会から資金援助があったことが記されている．この頃までは，大学の数学科の卒業生の働き場所は研究者や教職が主で，社会の一般職業で働く人は少なかった．ただ保険産業は数少ない例外で，その方面で活躍する人も多く知られていた．しかし，あるときから事情は一変する．それまで多くの技術に関係する分野では，力学に関した運動の解明が重要な役割を果たしていた．ところが，これらの事情と比較的遠いと思われていた金融問題の解明に連続時間で変化する偶然性を伴う運動が登場する．5.4 節で述べたバシェリエの考え方が新たな姿をよそおって再現されてきた．たとえば，サベージ，サミュエルソン，ブラック，ショールズ，マートン(Leonard Jimmie Savage, Paul Anthony Samuelson, Fischer Sheffey Black, Myron S. Scholes, Robert Cox Merton)など数多くの経済関係の研究者のかかわりが知られている．とくに 1997 年のノーベル経済学賞がこの分野の研究者たちに与えられて，この傾向は一層強まり，今日では数理ファイナンスと呼ばれる一分野を形成するまでになっている[242, 248]．

これらの，偶然にともなう事柄の解明は，大阪堂島の米相場にその起源の一端を見ることができる偶然のとらえ方であり，広く知られている大きな様変わりである[13]．今やこれらに関係する分野は，情報技術の様相を一新する進歩と相まって，数学科出身の人たちの最も活発な働きのできるところになっている．これらの分野に興味を持つ学生には 6.2 節で述べた伊藤の公式がなじみ深いものになっている．安野がスイスでのエッセイでベルヌーイやオイラーを偲んでいるように，彼らが日本を訪れたとき，伊藤を偲ぶ時代が来るかもしれない．なお余談になるが，安野は先に述べた森鷗外と同じ津和野の出身で，彼の記念館もこの町の JR 駅の近くにある．

第 8 章 偶然現象と非線形方程式

8.1 連鎖現象と分枝過程

これまでは，偶然現象の解明に線形方程式を用いる話を中心に進んできた．この章では，その枠を出て，偶然現象の解明に現れる典型的な非線形方程式を取り上げる．

この節では分枝現象を考える．1930 年代の半ば過ぎに，コルモゴロフ-ペトロフスキー(Ivan Georgievich Petrovskiĭ)-ピスクノフ(Nikolaĭ Seminovitch Piskounov)は，次の形の方程式を考え，具体的な問題の考察を進めた[155]：

$$\frac{\partial u}{\partial t} = k\Delta u + F(u), \quad k > 0.$$

ここで，関数 F は次の条件をみたす場合を考える：

$$F(0) = F(1) = 0,$$
$$F'(u) > 0 \ \ (0<u<1), \quad F'(0) = \alpha > 0, \quad F'(u) < \alpha \ \ (0<u\leqq 1).$$

たとえば，このような F としては，$F(u) = \alpha u(1-u)^2$ がある．

すでに第 6 章で述べたように，1930 年頃のモスクワの数学者たちは活気に満ちていて，西ヨーロッパとの交流も自由にできていた．この論文が発表された頃はその雰囲気が続いており，その中心にいた一人がコルモゴロフである．ペトロフスキーは彼より 2 歳年長で，彼もまたその活気の中で活躍した人である．なお，この論文は確率論や数理統計の関連のものを集めたコルモゴロフの選集の 2 巻ではなく，多くの分野にあざやかな足跡を残した論文が集められた 1 巻に収められている．この論文についてのコルモゴロフ自身の解説によれば，その頃数学以外の人たちとの交流も深かったようで，それらの中で感じた疑問の 1 つに答えられたと思ったようである．

彼らは，2.4 節で述べたメンデルの法則による遺伝子の優性，劣性についてのフィッシャーの考察から始めている．フィッシャーは，遺伝子がある領域に散らばっているとき，その散らばり方を表す頻度が世代ごとにどう変わっていくかについて考察した[66]．

x における n 世代での優性の遺伝子の頻度を $p(n,x)$ で表せば，x を固定したとき，

$$\widetilde{\Delta}p = \alpha p(1-p)^2, \quad \alpha > 0$$

となる．ただし，ここで $\widetilde{\Delta}$ は 2 階の差分作用素とする．

コルモゴロフたちは，フィッシャーの話における世代の変化を時間の変化と考え，特性量は空間の場所ごとに違うと考えた．それぞれの測定の単位を一定の関係を保ちながら 0 に近づけると，中心極限定理を熱方程式の解の構成と関連して証明するヒンチンの考え方を用いて，

$$\frac{\partial p}{\partial t} = \frac{\rho^2}{4}\Delta p + \alpha p(1-p)^2$$

が成り立つことを示した．この方程式は，この節の最初に考えた非線形方程式で，$k=\dfrac{\rho^2}{4}$, $F(\xi)=\alpha\xi(1-\xi)^2$ $(0\leqq\xi\leqq1)$ の場合である．

ここで考えている非線形方程式は，一見したところ，線形の場合とそれほど違いはないように見えるが，実際はそうでなく，線形の場合と大きく違った特徴をもっている．簡単のため，ここでは x が $\mathbf{R}^1$ の値をとる場合を考える．

たとえば，線形の場合の典型例として熱方程式を考えれば，もし初期条件 f $(0\leqq f\leqq1)$ が有界区間の外で 0 ならば，解 $u(t,x)$ は $t\uparrow\infty$ のとき 0 に収束する．これに対し，いま考えている方程式は $u(t,x)>0$ であり，$t\uparrow\infty$ のとき $0<u(x)\leqq1$ をみたすある関数 $u(x)$ $(x\in\mathbf{R}^1)$ に収束する．

コルモゴロフたちは，進行波と呼ばれる問題を考えている．たとえば，初期条件 f は

$$f(x)=\begin{cases}1, & x \geqq 0,\\ 0, & x<0\end{cases}$$

とする．このとき，解 $u(t,x)$ は，大まかに言えば，図 8.1 のように変化する．

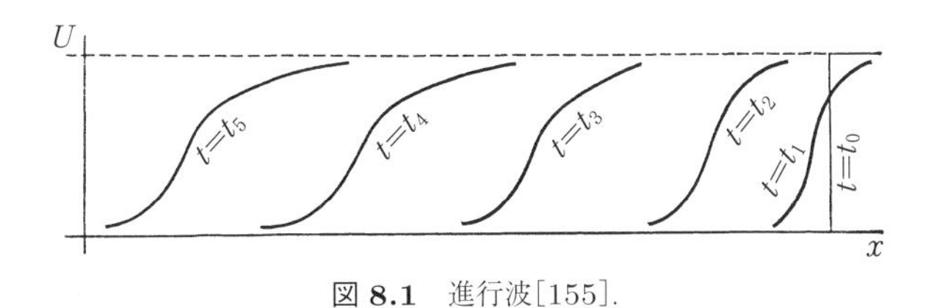

図 8.1 進行波[155].

この話題は，進行波の問題と呼ばれ，1970 年頃，確率論に興味を持った研究者たちによって盛んに研究された．

ここで考えた問題を系統的に取り扱った偏微分方程式の本は見当たらないが，部分的に扱ったものは現れつつある[135]．ここで考えている半線形偏微分方程式とブラウン運動の関係は，伊藤-マッキーンにより考察されたのが初めてであると思われる[124]．そこでは，1 個のブラウン運動が，次々に 2 個に分裂していくときの事情が調べられている．その話に進む前に，より簡単な場合に粒子が分裂を続ける話から始める．まず，必要な言葉を用意する．

一般に，空間 S_1 とそれと別の一点 ∂ があり，$S_1 \cup \{\partial\}$ 上のマルコフ過程があるとする．時刻 ζ, $0<\zeta<\infty$ が存在して，$t \geqq \zeta$ である時刻 t に対しては軌跡が常に孤立点 ∂ 上にあるとき，ζ をそのマルコフ過程の死滅時間といい，∂ を別枠点と呼ぶ．次の(A.1)，(A.2)，(A.3)をみたしながら分裂を繰り返す事象を "粒子の分裂現象" と呼ぶ．

(A.1) S_1 上を動く粒子があり，その運動は x $(x \in S_1)$ より出発した死滅時間 ζ のマルコフ過程の法則 P_x に従っている．

(A.2) 粒子は(A.1)のマルコフ過程の死滅時間 ζ で m $(m \geqq 2)$ 個に分裂し，S_1 の m 個の点 $y_1, y_2, \ldots, y_m$ に散らばる．ここで，y_i, $i=1,2,$

$\ldots, m$ は同じ点であることも許される．y_i に移った粒子は，確率法則 P_{y_i} に従って動く．

(A.3) 分裂後の m 個の粒子の運動は，互いに独立である．

ここでは，分裂現象の中で，マルコフ的な変化を前提にしているので，マルコフ的分裂現象と呼ぶべきだが，簡明な取り扱いができるためには一定の制約は不可欠である．ここではこの範囲内で考えるので，単に分裂現象という呼名を用いることにする．

例 8.1　最も簡単な分裂現象を考える．先の説明で述べた S_1 として 1 点 $\{1\}$ をとる．この点にとどまり続ける運動を考える．先に述べた“動く”という用語は，ここではそこにとどまることも含めて考える．これは 6.1 節に述べたマルコフ過程と考えることができる．

パラメータ $\alpha>0$ の指数分布に従う $[0,\infty)$ 上の値をとる確率変数 τ は，1 点にとどまる運動の死滅時間と考えることができる．実際，$t, s>0$ に対し

$$P(\tau>t,\ \tau>t+s) = P(\tau>t+s) = e^{-\alpha(t+s)}$$

であるので，

$$P(\tau>t+s) = P(\tau>t,\ \tau>t+s) = P(\tau>t)P(\tau>s)$$

となり，1 点 1 にとどまっている軌跡を τ になったら別枠点 ∂ に移すと，$\{1\}\cup\{\partial\}$ 上のマルコフ過程が得られる．時刻 τ になったら互いに独立で，しかも 1 より出発した粒子と同じ運動をする複数の粒子に変化するとする：時刻 0 に m 個あった粒子の 1 つが時間 τ_1 で分裂し粒子数が n_1 $(\geqq m)$ 個になり，さらに時間 τ_2 が経過してまた粒子の 1 つが分裂して粒子数が n_2 個となる．ただし，τ_1, τ_2 は独立で τ と同じ分布を持っている．この分裂の様子は，たとえば図 8.2 のように図示される．

しかし，実際は粒子は分裂しても，ある 1 点にとどまっているので，分裂の状態は時刻 t のときの個数 $X(t)$ が分かれば決まる．したがって，状態空間 $S=\{1, 2, \ldots\}$ 上の運動と考えられる．たとえば，図 8.2 に対応する図は図 8.3 の形になる．

こうして得られる運動の軌跡を $X(t)$, $t\geqq 0$ とする．この運動がマルコ

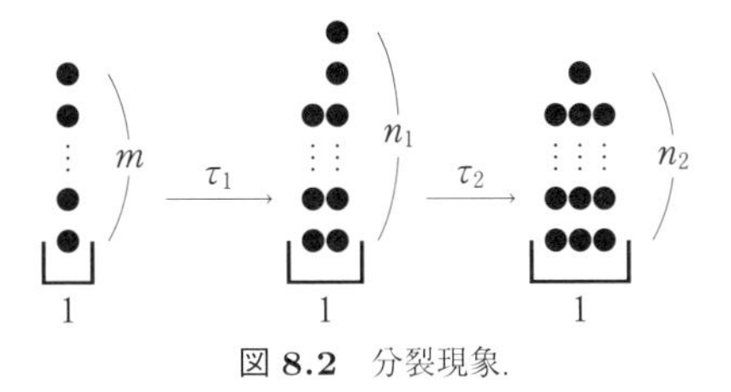

図 **8.2**　分裂現象.

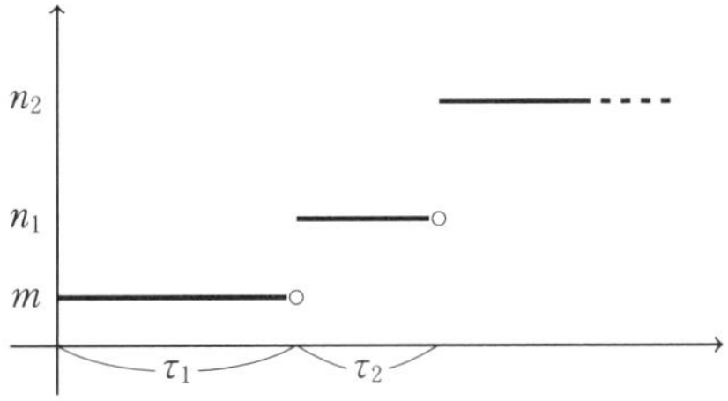

図 **8.3**　分裂現象の状態数.

フ過程になることは，前に述べた指数分布の性質から示せる.

これらのことを念頭におきながら，話を形式的に数学の普通の言葉で述べると，次の形になる．$S=\{1,2,...,n,...\}$ 上のマルコフ過程 $\{X(t)\}_{t\geqq 0}$ で次の条件をみたすものを考える．τ を出発点を離れる最初の時刻とする．すなわち，$\tau=\inf\{t; X(t)\neq X(0)\}$ とおく．$n=2,3,...$ に対し，

$$\pi(1,n) = P(X(\tau)=n,\ X(0)=1)$$

とする．$\alpha>0$ は

$$P(X(t)=1, X(0)=1) = e^{-\alpha t}, \quad t \geqq 0$$

をみたす．さらに，$P(X(t)=m, X(0)=m)=e^{-m\alpha t}$，$t>0$，$m\in S$，が成り立つ．また，

$$\pi(m,n) = P(X(\tau)=n, X(0)=m)$$

とおけば，連続時間で考えているので 2 つの粒子が同時に分裂することはない．よって，次が成り立つ.

$$\pi(m,n) = \pi(1, n-m+1), \quad n = m+1, m+2, ...$$

ここで，話の進め方を見やすくするために，一般的な用語を準備する．$\mathbf{Z}_+$ 上の確率分布 $\{p_n; n\in\mathbf{Z}_+\}$，すなわち $0\leqq p_n\leqq 1$，$\sum_{n\in\mathbf{Z}_+} p_n=1$ なる数列があるとき，

$$\varphi(s) = \sum_{n\in\mathbf{Z}_+} s^n p_n, \quad 0 < s < 1$$

とおき，$\varphi(s)$ を $\{p_n\}$ の母関数という．

$\mathbf{Z}_+$ で考えた 1 個の粒子の分裂現象の軌跡を $\{X(t)\}_{t\geqq 0}$ とする．このとき，

$$P(t;m,n) = P(X(t)=n, X(0)=m), \qquad n = m, m+1, \ldots$$

とおく．便宜的に，$n<m$ のとき $P(t;m,n)=0$ とする．この $P(t;m,n)$ の母関数を $\varphi(\xi;t,m)$ とおく．すなわち

$$\varphi(\xi;t,m) = \sum_{n=m}^{\infty} \xi^n P(t;m,n), \quad m \in \mathbf{Z}_+, \quad t > 0$$

とおく．このとき，先に述べた分裂現象の説明から，

$$\varphi(\xi;t,m) = (\varphi(\xi;t,1))^m, \qquad m \in \mathbf{Z}_+, \quad 0 < \xi < 1$$

が成り立つことが分かる．

形式的に，$\mathbf{Z}_+$ 上のマルコフ過程で，その推移確率の母関数が上に述べた関係をみたすとき，単純分枝過程(simple branching process)と呼び，分裂現象の考察に数学的模型として広く用いられている．ここではその内容に立ち入らないが，分枝過程を扱った多くの本に詳しく紹介されている(たとえば[84, 243])．

単純分枝過程の推移確率はその母関数で決まり，1 より出発したときの母関数が分かれば，先に述べたことから任意のところから出発したときの推移確率が分かる．すなわち，

$$u(t;\xi) = \varphi(\xi;t,1)$$

が分かれば，単純分枝過程の確率法則は完全に決まる．ところが，マルコフ過程の一般的に知られた計算で，次のことが示される[84, 243]：

$$\frac{\partial}{\partial t} u(t;\xi) = \alpha\big(F[u(t;\xi)] - u(t;\xi)\big), \quad u(0;\xi) = \xi.$$

ただし，

$$F[\xi]=\sum_{n=2}^{\infty}p(n)\xi^n,\quad p(n)=P(X(\tau)=n),\quad n=2,3,...$$

とする．

この方程式は，分裂現象の説明で述べた，動かない 1 個の粒子が分裂するまでの時間 τ の平均 $1/\alpha$ と，そのとき n $(n=2,3,...)$ になる確率 $p(n)$ から分枝過程を決める確率法則の決まり方を示している．単純分枝過程は動かない 1 種類の粒子の分裂現象に対応しているので，常微分方程式が現れている．$\mathbf{Z}_+$ 上のマルコフ過程の確率法則は本来は線形方程式で決まるが，粒子は動かなくて，問題なのは分裂までの時間だけなので，分枝性を利用して，その方程式と同値な役割を果たす 1 点 “1” 上の方程式が得られるというのが，これまで述べた話である．その代わり，方程式は非線形になる．

ここで導いた非線形方程式は，常微分方程式の一般論の本でよく知られている(たとえば[32])．それらによると，先に考えた方程式が $0\leqq f\leqq 1$ なる初期値に対し一意的な解をもつための必要十分条件は，十分小さな $\varepsilon>0$ に対し

$$\int_{1-\varepsilon}^{1}\frac{d\xi}{\xi-F[\xi]}=\infty$$

が成り立つことであることが知られている．このことを単純分枝過程を用いて考えると，この条件は $P(\sigma(\infty)=\infty)=1$ と同等であることが分かる．ただし，$\sigma(\infty)$ は考えている単純分枝過程の粒子数が最初に無限個になる時刻である．さらに，この証明を分枝過程の性質を用いて行えば，

$$\int_{1-\varepsilon}^{1}\frac{d\xi}{\xi-F[\xi]}<\infty$$

のときは，$P(\sigma(\infty)<\infty)=1$ となるのみならず，$E[\sigma(\infty)]<\infty$ ということまで分かる[97, 233]．言い換えると，$\sigma(\infty)$ が有限ならばその平均すら有限になることを示している．たとえば

$$p_n=\frac{1}{cn^2},\quad n=2,3,...,\qquad c=\frac{1}{2^2}+\frac{1}{3^2}+\cdots+\frac{1}{n^2}+\cdots$$

のときは先に述べた積分の値は有限になる．したがって，この場合は有限

時間で粒子数が無限大になる．

直感的な言い方をすれば，非常に稀であるが，とんでもなく多くの粒子に分裂する可能性があれば，その分裂した各粒子とそれまであった粒子と併せたものが，同じことをする．このようなことを繰り返すと，有限時間内に粒子数が無限大になってしまうことを示している．1 回 1 回の可能性は小さくても，次々に同じことを繰り返すと，とんでもないことになる事象の模型になっている．

単純分枝過程は，多くの分裂現象の模型として用いられている．それらの歴史については，ハリス(Theodore Edward Harris)の本の第 1 章に詳しく述べられている[84]．この確率過程と同じ性質をもつ事象を離散時間で考えたものは，ゴルトン-ワトソン過程(Francis Galton, Henry William Watson)と呼ばれている[78]．なお，ゴルトンは第 3 章で触れたダーウィン縁故の人で，ダーウィンの種々の調査結果の数理的解明に興味をもっていたと伝えられている．

この節の話のブラウン運動の分裂現象を扱う前に，事情を明らかにするために簡単な例をもう一つ取り上げる．

例 8.2　前の例では，1 点の上を進んでいる粒子が偶然性をともなって連鎖反応をおこす現象を $\mathbf{Z}_+$ 上のマルコフ過程として実現できることにまず注意した．しかも，母関数の方法を用いると，その現象を解析する方法が常微分方程式論として用意されていることを述べた．

この例では 2 点の集合 $S_1=\{0,1\}$ 上を動く粒子の分裂現象を考える．S_1 上を動くマルコフ過程の軌跡 $\xi(t)$，$t\geqq 0$，が出発点を離れる最初の時刻を τ とする．すなわち，

$$\tau = \inf\{t\,;\, \xi(t)\neq\xi(0)\}$$

とする．そのとき

$$P[\tau>t \mid \xi(0)=k] = e^{-c(k)t}, \quad k \in S_1$$

となる．ここで $c(k)\geqq 0$ である．自明の場合を除くために，$c(k)>0$，$k\in S_1$，とする．次に分裂して 2 個になったとすれば，新たな粒子状態としては

$$\{0,0\},\ \{0,1\},\ \{1,0\},\ \{1,1\}$$

が考えられる．ところが，この節の最初に述べた分裂現象の用語の決め方によれば $\{0,1\}$ と $\{1,0\}$ は同じ状態と考えるのが自然である．S_1 の 2 個の直積の点の並べ方を交換したら同じになるとして，同値のものの集まりを S_2 とする(図 8.4)．

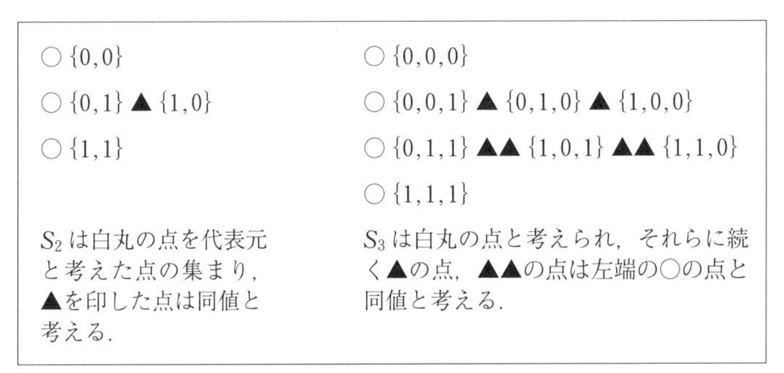

図 8.4　2 点の集合の分裂現象．

このようにして，S_n，$n=1,2,...$，を決めることができる．したがって，S_1 が 2 個の点からなる場合は分裂現象で生まれる粒子が散らばっている場所が用意されることが分かる．

ところが，このような S_n の決め方は S_1 が有限個の場合のみならず，もっと一般の場合もまったく同じ考えが有効である．実際次のようにすればよい．S_1 の n 個の直積を考え，その点の座標 $(x_1, x_2, ..., x_n)$ と $\{1, ..., n\}$ の置換 π で移る点 $(x_{\pi(1)}, x_{\pi(2)}, ..., x_{\pi(n)})$ は同じものとする．このようにして得られるものの集まりを S_n とする．こうしてできる S_1，$S_2, ..., S_n, ...$ を並べた集合

$$S = S_1 \cup S_2 \cup \cdots \cup S_n \cup \cdots$$

を考える．こうしてできる空間 S が，これからの話では例 8.1 の $\mathbf{Z}_+$ と同じ役割を果たす．

S_1 および S 上の非負の値で 1 以下の値をとる関数の全体をそれぞれ，$C^*(S_1), C^*(S)$ で表す．必要に応じて，連続関数のみに制限したものを考える．$C^*(S_1)$ と $C^*(S)$ の間に次の対応 $\hat{}$ を考える：

$$\widehat{\ }: C^*(S_1) \ni f \mapsto \widehat{f} \in C^*(S)$$
$$\widehat{f}(x_1, x_2, ..., x_n) = \prod_{j=1}^{n} f(x_j), \qquad (x_1, x_2, ..., x_n) \in S_n.$$

$S_1=\{0,1\}$ のときは，$f(0)=\xi_1$, $f(1)=\xi_2$ とすれば，

$$\widehat{f}(x) = \xi_1^i \xi_2^j, \qquad x = (\overbrace{1, ..., 1}^{i}, \overbrace{0, ..., 0}^{j}) \in S$$

となるので，$\widehat{f}$ は $\widehat{\ }$ で得られる S 上の 2 変数 ξ_1, ξ_2 の多項式となる．

一般に，S 上のマルコフ過程 $\{X(t)\}_{t \geqq 0}$ を考える．習慣に従って，$x \in S$ から出発するときの軌跡の確率法則を P_x で表し，P_x に関する平均を E_x で表す．任意の $f \in C^*(S)$ に対し，

$$T_t f(x) = E_x[f(X(t))], \qquad x \in S, \quad t > 0$$

とおく．このとき，S 上のマルコフ過程 $\{X(t)\}_{t \geqq 0}$ に対し

$$T_t \widehat{f}(x) = \widehat{T_t f\big|_{S_1}}(x), \quad x \in S$$

が成り立つとき，分枝過程(branching process)と呼ぶ．この定義は，S_1 が有限集合の場合は，確率の母関数を用いる分枝過程の定義と一致する [102, I, Example 1.1]．分枝過程の場合は S_1 上での特性から S の状況がすべて分かる．

一般の場合には，たとえば，$S_1=\mathbf{R}^1$ として，議論の出発となるマルコフ過程としてブラウン運動をとることができる．しかも，最初の分裂時間 τ も，ブラウン運動と独立な場合だけでなく，正の値をとる $\mathbf{R}^1$ 上の関数 k に対し，$B(s)$, $0 \leqq s \leqq t$ の状態が分かっているときの条件付き分布

$$P_x(\tau > t \,|\, B(s),\ 0 \leqq s \leqq t) = e^{-\int_0^t k(B(s))ds}$$

となる場合まで話を広げることができる．これはマルコフ過程論で死滅時間の話としてよく知られていることである．さらに，分裂は分裂時間 τ においてそのブラウン運動の軌跡がいる場所で 2 個に分かれるというのが前に述べた伊藤-マッキーン [124] で扱われた場合である．このとき，

$f{\in}C^*(S_1)$ が連続関数であれば，$u(t,x){=}T_tf(x)$, $x{\in}S_1{=}\mathbf{R}^1$, $t{>}0$ は次の方程式をみたす：

$$\frac{\partial u}{\partial t} = \frac{1}{2}\Delta u+ku(1-u).$$

このことは，例 8.1 の場合と同じ考えで示される．

さらに，初期条件が恒等的に 0, すなわち $u(0,x){=}0$ として，$\gamma{>}0$ に対し $k(x){=}|x|^\gamma$ の場合を考えれば，$\gamma{\leqq}2$ ならば $u(t,x){=}0$ $(t{>}0,\ x{\in}\mathbf{R}^1)$ となるが，$\gamma{>}2$ であれば

$$0 < u(t,x) < 1, \qquad u(t,x) \uparrow 1\ (t \to \infty)$$

となる解 u が存在する[124, 209 頁]．例 8.1 と同様に，爆発時刻 $e(\infty)$ を考えれば，この解は t 以前に爆発する確率 $P(e(\infty){<}t)$ を与えている．

このことは，この分枝ブラウン運動は 1 回 1 回は 2 個に分裂するが，ブラウン運動は遠方に遠ざかり，$\gamma{>}2$ ならば極めて頻繁に分裂を繰り返すので，有限時間内に無限個になることを示している．また，次のことを示すことができる：k が有界関数の場合は，有限区間で初期条件が正であれば，$u(t,x){\uparrow}1$ となる[135, 2.6 節，定理 3]．

$S_1{=}\mathbf{R}^1$ のときは，S は極めて大きい空間で，その上のマルコフ過程の性質を解明することは容易でない．ところが，分枝性を仮定すれば，$\mathbf{R}^1$ 上の方程式に帰着できて，その性質を解明する手段が得られる．ただし，そのために用いられる手段は非線形となる．非線形性は微分を含まない項のみに現れ，一見したところ，線形の場合とあまり差がないように見えるが，先に述べたように顕著な違いがある．

ここで述べたブラウン運動に関する分裂現象の取り扱いを一般的なマルコフ過程に拡張する話は，1960 年代，[102]によって実現された([255]も参照)．このことにより，多くの本に紹介されている分裂現象に関する話は，その枠組みの中で解明できるようになっている．その後，例 8.1 で述べた爆発問題については，いくつかの考察が進められた(たとえば，[109, 233, 252])．

これまでの話から，分裂現象の連鎖反応が引き起こす爆発の原因に 2 種類あることが分かる．その一つは非常に稀なことだが，1 回 1 回で限り

なく多くの粒子を生む場合である．もう一つは，各回には限られた個数の粒子しか生まないが，分裂の間隔が限りなく短くなる場合である．前者は動かない粒子で起こり，後者はブラウン運動に従う粒子で見られ，それぞれ非線形常微分方程式，非線形偏微分方程式の解の一意性の話に関連する．

話は横道にそれるが，ここまで話を進めてきたことについて忘れられないというか，忘れないように努めている経験がある．1967 年クーラン研究所のドンスカー(Monroe David Donsker)主宰のセミナーで話した折，話し始めたとたんにカッツから声がかかり，「マルコフ過程の話は線形の話と思うが，どうして非線形の方程式が出てくるのか」をまず話せと言われた．安易にも記号の話から始めて混乱してしまい，同席していた友人たちの助けでようやくそのセミナーを終えることができた，というものである．

8.2　KdV 方程式とガウス過程

浅い水の表面を伝わる波(浅水波)を記述する方程式として，オランダ人科学者コルトヴェーク(Diederik Johannes Korteweg)と彼の学生ド・フリース(Gustav de Vries)により定式化された，次の非線形方程式(コルトヴェーク-ド・フリース方程式，以下 KdV 方程式と略す)がある．

$$\frac{\partial u}{\partial t} = \frac{3}{2}u\frac{\partial u}{\partial x} + \frac{1}{4}\frac{\partial^3 u}{\partial x^3}. \tag{8.1}$$

ここで，$u(t,x)$ $(t,x\in\mathbf{R})$ は，時刻 t，位置 x における波の高さを表しており[*1]，KdV 方程式の係数は三輪-神保-伊達の本[194]に従っている．本節では，非線形微分方程式への確率過程の別の応用として，KdV 方程式のソリトン解の期待値表示について説明する．

1830 年代，スコットランド人の土木・造船技師スコット・ラッセル(John Scott Russell)は，エディンバラのユニオン運河ソサイエティーの依頼により，それまでの馬で引っ張る方法から蒸気機関による航行法へ

---

*1　本節ではこれまでとは違い，過去に遡る負の時刻も考える．

と変更することの可能性を調べていた(図 8.5). 彼は, その最中の 1834 年 8 月に, 狭く浅い運河で急停止した舟の前にできた水面の盛り上がりが, 形を変えず, 速度を落とさず進んでゆくことを発見し, その波を馬で追跡までして観測した[241, 319 頁, 下段]. 通常の振動型の波形ではないこの波に興味を持った彼は, 水槽実験を行って詳細に調べ, 孤立波という名をつけた(上述文献参照). スコット・ラッセルの見たものを再現する実験が 1995 年 6 月に行われた様子を, ホームページで見ることができる. http://www.ma.hw.ac.uk/solitons/press.html

図 8.5 スコット・ラッセル*2.

孤立波が本当に存在するかどうかという問題は, 当時, 大きな論争を引き起こした. 時代を代表する偉大な研究者であったエアリー(George Biddell Airy)やストークス(George Gabriel Stokes)は存在に否定的であった. 逆に, フランス人数学者ブシネスク(Joseph Valentin Boussinesq)やレイリー卿(John William Strutt, 3rd Baron Rayleigh)は別の観点から浅水波についての研究を行い, スコット・ラッセルのいう孤立波の存在に肯定的な立場をとった. その後 1890 年代初期には, 実験の結果もあり, またエアリーやストークスの間違いも見出され, 孤立波の存在は確かなものとなりつつあった. そして, それまでの研究を再検討し, そして集約することで, 孤立波に対応する方程式(8.1)をコルトヴェークとド・フリースは 1895 年に定式化した. さらに, 彼らは KdV の周期解も得ている[159].

しかし, その価値が再発見されるまでの 70 年ほどの間, KdV 方程式はまったく重要視されなかった. コルトヴェークですら, KdV 方程式の研究をすることはなかったという[64]. KdV 方程式の価値の再発見をしたのは, ザブスキー(Norman J. Zabusky)とクラスカル(Martin David Kruskal)である. 1960 年代に彼らは, KdV 方程式に先進的な計算機シミュレーションを適用して, 初期条件 $u(0,x)=\cos(\pi x)$ となる解の時間発展

*2 https://upload.wikimedia.org/wikipedia/commons/0/03/Russell_J_Scott.jpg

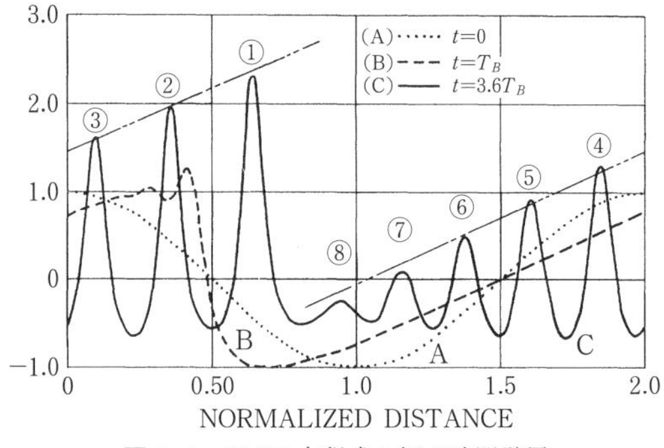

図 8.6　KdV 方程式の解の時間発展.

について調べた[307]. 図 8.6 は彼らの論文に Fig.1 として掲載されているものである.

この図で, (A)は $t=0$, (B)は $t=T_B=1/\pi$, (C)は $t=3.6T_B$ のときの波の高さ $u(t,x)$ のグラフである. 余弦波が崩れて孤立波に分かれていく様子がよく分かる. さらに, 彼らは, 孤立波たちがたがいに追いかけっこをし, 高い山は速く, 低い山は遅く動くことを見出した. また, おのおのの山は衝突時には変形するが, あたかもすり抜けたかのように, 再び元と同じ波形に戻り独立に運動するという, 粒子的な性質を持つことも見出した. そして彼らはこのような粒子的性質を持つ孤立波を, 孤立波(solitary wave)の「ソリ(soli)」に, 電子(electron), 光子(photon), 陽子(proton)と同様に, 粒子につける「トン(ton)」という語尾をあてて, 「ソリトン(soliton)」と名付けた. 図 8.7 は 2 つの孤立波からなる KdV 方程式のソリトン解の図である. 時間(t-座標)の増加とともに, (i)高い山が速く, 低い山が遅く動くこと, (ii)高い山は低い山に追いつき, 追い越していく, すなわち形が崩れないこと, が見てとれる.

KdV 方程式は具体的に解ける面白い非線形方程式である. その背後にある数理は, 佐藤幹夫, 伊達悦朗, 柏原正樹, 神保道夫, 三輪哲二らが新たな数学分野を開拓・発展させ解明した[194]. ここでは, ソリトン解の確率過程を用いた表現で利用する, 逆散乱法と呼ばれる解法について概説する([268]参照). 関数 $q\colon \mathbf{R}\to\mathbf{R}$ は $\displaystyle\int_{\mathbf{R}}(1+|x|)|q(x)|dx<\infty$ をみたすと仮定する. シュレディンガー作用素 $-(d/dx)^2+q$ に対する方程式

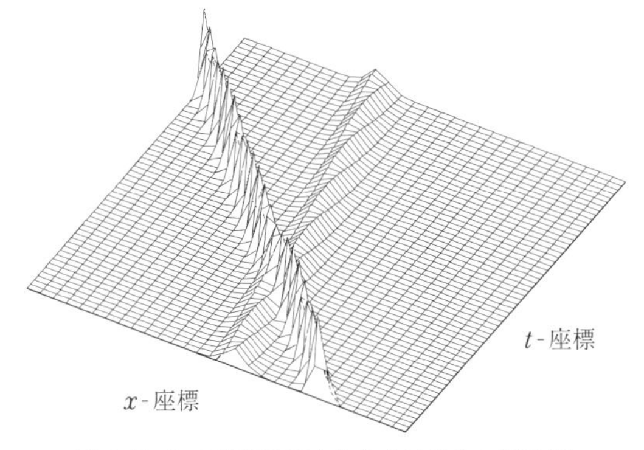

図 **8.7** 2つの孤立波からなるソリトン解の図.

$$-f''+qf=\zeta^2 f,\quad \zeta\in\mathbf{C},\quad \mathrm{Im}\,\zeta\geqq 0$$

は，$x\to+\infty$ のとき $\exp(\sqrt{-1}\zeta x)$ のごとくふるまう $f_+(x,\zeta)$ と $x\to-\infty$ のとき $\exp(-\sqrt{-1}\zeta x)$ のごとくふるまう $f_-(x,\zeta)$ の2つの解を持つ．$\xi\in\mathbf{R}\backslash\{0\}$ ならば，$f_+(\cdot,\xi)$ と $f_+(\cdot,-\xi)$ は1次独立となり，$f_-(\cdot,\xi)$ はその1次結合として

$$f_-(x,\xi)=a(\xi)f_+(x,\xi)+b(\xi)f_+(x,-\xi),\quad x\in\mathbf{R}$$

と表現できる．これらの係数を用いて $r(\xi)=b(\xi)/a(\xi)$ とおけば，$x=+\infty$ から $x=-\infty$ へと進んできた単位の波は $|r(\xi)|$ の割合で反射され，$|1/a(\xi)|$ の割合で透過することがいえる．さらに，係数 a は上半平面において正則な関数の境界値となっており，上半平面での零点はすべて純虚数である．正数 $\eta_1,\ldots,\eta_n$ を用いて，それら零点を $\sqrt{-1}\eta_i$，$1\leqq i\leqq n$ と表し，さらに $m_i=\left(\int_{\mathbf{R}} f_+(x,\sqrt{-1}\eta_i)^2dx\right)^{-1}$ とおく．このようにして得られる組 $\{r(\xi),\ \eta_1,\ldots,\eta_n,m_1,\ldots,m_n\}$ を散乱データという．とくに恒等的に $r(\xi)=0$ となるとき，q を無反射ポテンシャルという．

逆散乱問題とは，散乱データから関数 q を構成する問題をいう．これは，ゲルファント-レヴィタン(Israil' Moiseevich Gelfand, Boris Moiseevich Levitan)方程式を立て，それを解けば解決できる．とくに無反射ポテンシャルの場合は，この方程式を具体的に解くことができる．実際，q は n 次正方行列値関数

$$A(x) = \left(\frac{\sqrt{m_i m_j}}{\eta_i + \eta_j} e^{-(\eta_i+\eta_j)x} \right)_{i,j=1,\dots,n}, \quad x \in \mathbf{R} \tag{8.2}$$

を用いて，

$$q(x) = -2 \frac{d^2}{dx^2} \log\det(I + A(x))$$

と表現される*3．以下，この q を散乱データ $\{\eta_i, m_i : 1 \leqq i \leqq n\}$ に対応する無反射ポテンシャルという．

ガードナー(Clifford Spear Gardner)-グリーン(John Morgan Greene)-クラスカル-ミウラ(Robert Mitsuru Miura)は，$q(x)$ として KdV 方程式の解 $u(t,x)$ をとるとき，初期値 $u(0,x)$ に対する散乱データが分かれば，任意の t での散乱データが分かることを見出した．したがって，逆散乱問題を解くことで $u(t,x)$ が見つかることになる．彼らの手法を用いれば，初期条件 $q=u(0,\dots)$ が散乱データ $\{\eta_i, m_i : 1 \leqq i \leqq n\}$ に対応する無反射ポテンシャルであるとき，各 m_i を $m_i \exp(-2\eta_i^3 t)$ に置き換えて得られる

$$A(t,x) = \left(\frac{\sqrt{m_i m_j}}{\eta_i + \eta_j} e^{-(\eta_i+\eta_j)x - 2(\eta_i^3 + \eta_j^3)t} \right)_{i,j=1,\dots,n},$$
$$q(t,x) = -2 \frac{\partial^2}{\partial x^2} \log\det(I + A(t,x))$$

に対し，$u(t,x) = -q(t,x)$ は KdV 方程式(8.1)の解となる*4．この解のことを n-ソリトン解(多重ソリトン解)と呼んでいる．

$n=2$ の場合に，$\alpha = (\eta_1+\eta_2)/|\eta_1-\eta_2|$，$m_i = 2\alpha\eta_i$，$i=1,2$，と仮定すれば，直接計算で

$$\det(I + A(t,x)) = 2e^{-(\eta_1+\eta_2)x - (\eta_1^3+\eta_2^3)t} \Big\{ \cosh\big((\eta_1+\eta_2)x + (\eta_1^3+\eta_2^3)t\big) + \alpha \cosh\big((\eta_1-\eta_2)x + (\eta_1^3-\eta_2^3)t\big) \Big\}$$

となることが示せる．これより，$\cosh^2\xi - \sinh^2\xi = 1$，$\cosh(\xi+\eta) + \cosh(\xi-\eta) = 2\cosh\xi\cosh\eta$，$\cosh(\xi+\eta) - \cosh(\xi-\eta) = 2\sinh\xi\sinh\eta$ など

*3　文献[268]では，$A(x)$ ではなく $\Delta(x) = \big(m_i e^{-(\eta_i+\eta_j)x}/(\eta_i+\eta_j)\big)_{1 \leqq i,j \leqq n}$ が用いられている．$M = \big(\sqrt{m_i}\delta_{ij}\big)_{1 \leqq i,j \leqq n}$ とおけば，$A(x) = M\Delta(x)M^{-1}$ となるから，同じ q となる．

*4　文献[268]と係数や符号が違っているが，それは彼らの KdV 方程式の係数が(8.1)と異なっているためである．

の関係式を使って $(\partial/\partial x)^2\log(I+A(t,x))$ を整理すると，次の 2–ソリトン解の表示を得る．

$$u(t,x)=4\frac{N(t,x)}{D(t,x)^2}.$$

ただし，

$$\begin{aligned}N(t,x)&=(\eta_1^2-\eta_2^2)^2+\eta_2^2|\eta_1-\eta_2|\cosh(2\eta_1x+2\eta_1^3t)\\&\quad+\eta_1^2|\eta_1-\eta_2|\cosh(2\eta_2x+2\eta_2^3t),\\D(t,x)&=|\eta_1-\eta_2|\cosh\bigl((\eta_1+\eta_2)x+(\eta_1^3+\eta_2^3)t\bigr)\\&\quad+(\eta_1+\eta_2)\cosh\bigl((\eta_1-\eta_2)x+(\eta_1^3-\eta_2^3)t\bigr)\end{aligned}$$

とする．ちなみに，図 8.7 はこの表示を利用して gnuplot で作図したものである．

$n=1$ の場合に，$m=2\eta$ と仮定すると，

$$1+A(t,x)=2e^{-\eta_1x-\eta_1^3t}\cosh(\eta_1x+\eta_1^3t) \tag{8.3}$$

となる．ところで，7.1 節で述べたレヴィの確率面積の特性関数の双曲線関数を用いた表示と同様に，次のような等式が成立する：

$$\begin{aligned}&\mathbf{E}\biggl[\exp\biggl(-\frac{\eta_1^2}{2}\int_0^x B(s)^2ds-\frac{\eta_1}{2}\tanh(\eta_1^3t)B(x)^2\biggr)\biggr]\\&\quad=\biggl(\frac{\cosh(\eta_1^3t)}{\cosh(\eta_1x+\eta_1^3t)}\biggr)^{1/2}.\end{aligned} \tag{8.4}$$

ただし，$B(s)$，$s\geqq 0$，は 1 次元ブラウン運動である．この表示式は，カメロン–マルチン(Robert Horton Cameron, William Ted Martin)によるウィナー空間上の 2 次形式のラプラス変換を常微分方程式の解を用いて具体的に表示する手法に基づいて得られる[26, 105]．(8.4)は，カメロン–マルチンの手法を一般化し，ソリトン解を定める $\det(I+A(t,x))$ を期待値を用いて表示することの出発点となる例である．以下，このような期待値表示について述べる．

まず，ウィナー空間上の 2 次形式のラプラス変換を常微分方程式の解を用いて表示する方法について述べる．$B(s)=(B_1(s),\dots,B_n(s))$，$s\geqq 0$，

を $B(0)=0$ となる n 次元ブラウン運動とする．$p_i \neq p_j$，$i \neq j$，となる $p_1, \ldots, p_n \in \mathbf{R}$ をとり，$\xi(s)=(\xi^1(s), \ldots, \xi^n(s))$，$s \geqq 0$，を

$$\xi^i(s) = e^{p_i s} \int_0^s e^{-p_i u} dB_i(u), \quad i = 1, \ldots, n$$

と定義する．この確率過程は，オルンシュタイン-ウーレンベック (Leonard Salomon Ornstein，George Eugene Uhlenbeck) 過程と呼ばれている．$\int_0^s e^{-p_i u} dB_i(u)$ を

$$\sum_{k=0}^{2^m-1} e^{-p_i k 2^{-m}} \{B((k+1)2^{-m} \wedge s) - B(k 2^{-m} \wedge s)\}$$

で近似し，$m \to \infty$ とすることで，$\xi^i(s)$，$s \geqq 0$ は，平均 0，共分散関数

$$E[\xi^i(u)\xi^i(v)] = \frac{e^{p_i(u+v)} - e^{p_i|u-v|}}{2p_i}$$

のガウス過程となることがいえる．また，伊藤の公式の簡単な応用として

$$d\xi^i(s) = dB_i(s) + p_i \xi^i(s) ds, \quad i = 1, \ldots, n$$

という確率微分方程式に従っていることが示せる．

さらに $c_1, \ldots, c_n > 0$ をとり，1 次元確率過程 $X(s)$，$s \geqq 0$ を

$$X(s) = \sum_{i=1}^n c_i \xi^i(s)$$

とおく．このとき，$\xi^1(s), \ldots, \xi^n(s)$，$s \geqq 0$，の独立性より，$X(s)$，$s \geqq 0$，もまたガウス過程で，その平均は 0，共分散関数は

$$E[X(u)X(v)] = \sum_{i=1}^n \frac{c_i^2 (e^{p_i(u+v)} - e^{p_i|u-v|})}{2p_i}$$

である．

$a \in \mathbf{R}$ に対し，ϕ を n 次正方行列値 2 階常微分方程式

$$\phi'' - E(a)\phi = 0 \tag{8.5}$$

の解とする．ただし，$E(a) = \left(p_i^2 \delta_{ij} + a^2 c_i c_j\right)_{i,j=1,\ldots,n}$ である．$x > 0$ とし，$\det \phi(s) \neq 0$，$s \in [0, x]$，が成り立つと仮定する．$\beta(s) = -(\phi' \phi^{-1})(x-s)$ とし，その対称部分，歪対称部分をそれぞれ $\widetilde{\beta}$，$\widehat{\beta}$ とおく．カメロン-マルチンの考察を一般化することで，$\int_0^x X(s)^2 ds$ のラプラス変換の次のよう

な具体的な表示式を証明できる[105].

$$I(x) = E\left[\exp\left(-\frac{a^2}{2}\int_0^x X(s)^2 ds + \frac{1}{2}\langle(\widetilde{\beta}(x)-D)\xi(x), \xi(x)\rangle - \frac{1}{2}\int_0^x |\widehat{\beta}(s)\xi(s)|^2 ds\right)\right]$$
$$= (\det\phi(0))^{1/2}(e^{x\sum_{i=1}^n p_i}\det\phi(x))^{-1/2}. \tag{8.6}$$

ただし，$\langle\cdot,\cdot\rangle$ は $\mathbf{R}^n$ の内積を表す．この $\det\phi(x)$ と(8.2)の間の関係を明らかにできれば上式の期待値 $I(t,x)$ とソリトン解との対応が示せる．

等式(8.6)の導出においては2つの公式が基本的である．一つは，すでに述べた伊藤の公式であり，いま一つは，丸山-ギルサノフの公式と呼ばれるものである．これは「$T>0$ とし，確率積分可能な $f(s)=(f_1(s),\ldots,f_n(s))$，$s\leqq T$，を用いて

$$M(T) = \exp\left(\int_0^T \sum_{i=1}^n f_i(u)dB_i(u) - \frac{1}{2}\sum_{i=1}^n\int_0^T (f_i(u))^2 du\right)$$

と定義するとき，もし $M(T)$ が可積分ならば，$M(T)$ を密度として付けた測度 $M(T)dP$ の下で $B(s)-\int_0^s f(u)du$，$s\leqq T$，が n 次元ブラウン運動となる」というものである．この公式が丸山儀四郎とギルサノフにより独立に証明されたことはすでに述べた．

$X(s)$，$s\geqq 0$，とソリトン解の関係を見ていこう．まず，$E(a)$ の固有値を $0\leqq\lambda_1\leqq\lambda_2\leqq\cdots\leqq\lambda_n$ とし，

$$\eta_i = \sqrt{\lambda_i}, \quad 1\leqq i\leqq n$$

とおく．簡単のため，$p_i\neq p_j$，$i\neq j$，に加え，$|p_i|<|p_{i+1}|$，$i=1,\ldots,n-1$，を仮定する．すると $E(a)$ の固有値は

$$\sum_{i=1}^n \frac{a^2c_i^2}{p_i^2-\lambda} = -1$$

の零点となり，さらに $|p_i|<\eta_i<|p_{i+1}|$，$i=1,\ldots,n-1$，$|p_n|<\eta_n$ が成り立つ．このことから，$m_i>0$，$i=1,\ldots,n$，を

$$m_i = -2\eta_i\prod_{k\neq i}\frac{\eta_k+\eta_i}{\eta_k-\eta_i}\prod_{k=1}^n\frac{p_k+\eta_i}{p_k-\eta_i}$$

と定義できる．この $\{\eta_i, m_i\colon 1 \leqq i \leqq n\}$ を用いて，$A(t,x)$ を定義する．

次に

$$D = (p_i\delta_{ij})_{i,j=1,\dots,n}, \quad R = (\eta_i\delta_{ij})_{i,j=1,\dots,n}, \quad \zeta(s,t) = sR + tR^3$$

とおき，$E(a) = UR^2U^{-1}$ と $E(a)$ を対角化する直交行列 U をとる．$t \in \mathbf{R}$ に対し，(8.5) をみたす $\phi(s)$ として次で与えられるものを考える．

$$\phi(s,t) = U\{\cosh(\zeta(s,t)) - \sinh(\zeta(s,t))R^{-1}U^{-1}DU\}U^{-1}.$$

ただし，n 次正方行列 B に対し，

$$\cosh B = \sum_{k=0}^{\infty} \frac{1}{(2k)!} B^{2k}, \quad \sinh B = \sum_{k=0}^{\infty} \frac{1}{(2k+1)!} B^{2k+1}$$

とする．

$$\frac{\partial}{\partial s}\cosh(\zeta(s,t)) = R\sinh(\zeta(s,t)), \quad \frac{\partial}{\partial s}\sinh(\zeta(s,t)) = R\cosh(\zeta(s,t))$$

となるから，$\phi(\cdot,t)$ は (8.5) の解である．また，$\beta(s,t) = -(\partial\phi/\partial s)\phi(x-s,t)$ は対称行列となっている．行列の代数的変形により，x, t には無関係な定数 Z が存在し，

$$\det\phi(s,t) = Z\det(I + A(t,s))e^{\sum_{i=1}^{n}(s\eta_i + t\eta_i^3)}$$

が成り立つこともいえる．したがって，上の考察と合わせると，この $\phi(\cdot,t)$ に対応する (8.6) の $I(x)$ を $I(x,t)$ と書けば，すなわち

$$I(x,t) = E\left[\exp\left(-\frac{a^2}{2}\int_0^x X(s)^2 ds + \frac{1}{2}\langle(\beta(x,t) - D)\xi(x), \xi(x)\rangle\right)\right]$$

とおけば，

$$\frac{\partial^2}{\partial x^2}\log I(t,x) = -\frac{1}{2}\frac{\partial^2}{\partial x^2}\log(I + A(t,x))$$

となる．よって，ソリトン解の $I(t,x)$ を用いた表示

$$q(t,x) = -4\frac{\partial^2}{\partial x^2}\log I(t,x)$$

が得られる．

ここでは，$X(s)$ から，すなわち $p_1, \dots, p_n, c_1, \dots, c_n$ から出発して，散

乱データ $\{\eta_i, m_i : 1 \leqq i \leqq n\}$ を求め，$I(t,x)$ が対応するソリトン解 $q(t,x)$ の表現に現れることを見た．この手順を逆にたどり，ソリトン解を決める散乱データから出発して対応する $X(s)$ を決定することもできる[269]．この意味で，ガウス過程 $X(s)$，$s \geqq 0$ とソリトン解の間には全単射の関係がある．

参考文献

[1] L. V. Ahlfors（アールフォルス）, Lectures on quasiconformal mappings, Second edition. With supplemental chapters by C. J. Earle, I. Kra, M. Shishikura and J. H. Hubbard. University Lecture Series, 38. American Mathematical Society, Providence, RI, 2006.（邦訳：擬等角写像講義, 谷口雅彦訳, 丸善出版, 2015）

[2] 芥川智行, 中村貴義, 夢の分子機械, 現代化学, 2005 年 8 月号.

[3] P. Anderson（アンダーソン）, Local moments and localized states, Nobel Lectures, 8 December, 1977. https://www.nobelprize.org/prizes/physics/1977/anderson/lecture/

[4] 安野光雅, スイスの谷, 朝日新聞社, 1990.

[5] 芦野隆一, 山本鎭男, ウェーブレット解析, 共立出版, 1997.

[6] M. Atiyah（アティヤ）, 小林正典, 20 世紀の数学, 数理科学, 1990 年 7 月号.

[7] L. Bachelier（バシェリエ）, Théorie de la spéculation, Ann. Sci. École Norm. Sup., **17**（1900）, 21-86.（英訳：Theory of Speculation, in The random character of stock market prices, ed. by P. H. Cootner, M.I.T. Press, 1964）

[8] L. Bachelier, Les lois des grands nombres du calcul des probabilités, Gauthier-Villars, 1937.

[9] G. A. Baker（ベーカー）, Jr., Drum shapes and isospectral graphs, J. Math. Phys., **7**（1966）, 2238-2242.

[10] E. T. ベル(Bell), 数学をつくった人びと, 田中勇, 銀林浩訳, 東京図書, 1976.

[11] C. T. Benson（ベンソン）and J. B. Jacobs（ヤコブス）, On hearing the shape of combinatorial drum, J. Combinatorial Theory, Series B, **13**（1972）, 130-178.

[12] J. Bernoulli（ベルヌーイ）, Ars Conjectandi, 1713.

[13] P. バーンスタイン(Bernstein), リスク――神々への反逆, 青山護訳, 日本経済新聞社, 1998.

[14] S. Bernstein（ベルンシュタイン）, Démonstration du Théorème de Weierstrass fondée sur le calcul des probabilités, Comm. Soc. Math. Kharkof, **13**（1912/13）, 1-2.

[15] L. Bers（ベアズ），Introduction to Riemannian surfaces, Lecture Notes, NYU, 1951-1952.

[16] P. Billingsley（ビリングスレイ），Probability and measure, Wiley, 1979.

[17] J. -M. Bismut（ビスミュト），Large Deviations and the Malliavin Calculus, Prog. Math. **45**, Birkhaüser, 1984.

[18] 美谷島實，R. Brown はブラウン運動を如何に観察したのか，日本物理学会誌，**61**（2006），603-605.

[19] 美谷島實，R. Brown はブラウン運動を如何に観察したのか，信州大学物理同窓会誌，2009.

[20] G. ブロム(Blom)，L. ホルスト(Holst)， D. サンデル(Sandell)，確率論へようこそ，森真訳，丸善出版，2012.

[21] É. Borel, Sur les séries de Taylor, C. R. Acad. Paris, **123**（1896），1051-1052.

[22] É. Borel（ボレル），Leçons sur la théorie des fonctions, Gauthier-Villars et Fils, 1898.

[23] R. Brown（ブラウン），A brief account of microscopical observations made in the months of June, July and August, 1827, on the particles contained in the pollen of plants; and on the general existence of active molecules in organic and inorganic bodies, Philosophical Magazine, Ann. Philos., New Series **4**（1828），161-178.

[24] R. Brown, The miscellaneous botanical works of Robert Brown, 1, 2, R. Hardwicke, London, 1866.

[25] B. Bru（ブル），Mare et le dossier Doeblin, Sém. de Probab. XLVII, “In Memoriam Marc Yor”, Lect. Notes Math., **2137**（2015），xxxi-xli.

[26] R. H. Cameron（カメロン）and W. T. Martin（マルチン），Evaluation of various Wiener integrals by use of certain Sturm-Liouville differential equations, Bull. A.M.S., **51**（1945），73-90.

[27] L. Campbell（キャンベル）and W. Garnett（ガーネット），The life of James Clerk Maxwell: With a selection from his correspondence and occasional writings and a sketch of his contributions to science, Macmillan and Co., London, 1882. https://archive.org/details/lifeofjamesclerk00camprich

[28] S. S. Chern（チャーン），An elementary proof of the existence of isothermal parameters on a surface, Proc. AMS, **6**（1955），771-782.

[29] K. L. Chung（チュン），Reminiscences of one of Doeblin’s papers, in Chance & Choice, 259-265, World Scientific, 2004.

[30] K. L. Chung, P. Erdös（エルデシュ）and T. Sirao（白尾恒吉），On the Lipschitz’s condition for Brownian motion, J. Math. Soc. Japan, **11**

(1959), 263-274.

[31] Z. Ciesielski (チゼルスキイ), Hölder conditions for realizations of Gaussian processes, Trans. Amer. Math. Soc., **99** (1961), 403-413.

[32] E. A. Coddington (コディントン) and N. Levinson (レヴィンソン), Theory of Ordinary Differential Equations, McGraw-Hill, 1955. (邦訳：常微分方程式論, 上, 下, 吉田節三訳, 吉岡書店, 1968-69)

[33] J. E. Cohen (コーエン), Mathematics is Biology's Next Microscope, Only Better; Biology is Mathematics' Next Physics, Only Better, Public Library Sci. Biology, **12** (2004), 2017-2023.

[34] É. Cotton (コットン), Sur les variétés à trois dimensions, Annales de la Faculté des Sciences de Toulouse, Ⅱ, **1** (1899), 385-438.

[35] R. Courant (クーラン) and D. Hilbert (ヒルベルト), Methoden der mathematischen Physik, Interscience Publ., 1924. (邦訳：数理物理学の方法, 斎藤利弥監訳, 銀林浩訳, 東京図書, 1959)

[36] J. -M. Courtault (コートー), Y. Kavanov (カバノフ), B. Bru, P. Crépel (クレペル), I. Lebon (ルボン) and A. Le Marchand (ル・マルシャン), Louis Bachelier on the centenary of "Théorie de la spéculation", Math. Finance, **10** (2000), 341-353.

[37] P. J. Daniell (ダニエル), A general form of integral, Ann. Math., Series 2, **19** (1918), 279-294.

[38] C. ダーウィン(Darwin), チャールズ・ダーウィン――自叙伝宗教観及び其追憶, 小泉丹訳, 岩波文庫, 1927.

[39] 伊達宗行,「数」の日本史――われわれは数とどう付き合ってきたか, 日経ビジネス人文庫, 2007.

[40] F. N. David (デイビッド), Studies in the History of Probability and Statistics, I. Dicing and gaming (a note on the history of probability), Biometrika, **42** (1955), 1-15.

[41] F. N. David, Games, Gods and Gambling, C. Griffin & Co. LTD, 1962.

[42] B. de Finetti (ド・フィネティ), La prévision, ses lois logiques, ses sources subjectives, Ann. Inst. Henri Poincaré, 1937.

[43] K. デブリン(Devlin), 世界を変えた手紙, 原啓介訳, 岩波書店, 2010.

[44] P. Diaconis (ダイアコニス), G. H. Hardy and Probability???, Bull. London Math. Soc., **34** (2002), 385-402.

[45] C. ドーベル(Dobell), レーベンフックの手紙, 天児和暢訳, 九州大学出版会, 2004.

[46] J. L. Doob (ドゥーブ), Stochastic processes depending on a continuous parameter, Trans. Amer. Math. Soc., **42** (1937), 107-140.

[47] J. L. Doob, Stochastic Processes, John Wiley & Sons, 1953.

[48] W. ダンハム(Dunham), オイラー入門, 黒川信重, 若山正人, 百々谷哲也訳, シュプリンガー・フェアラーク東京, 2004.

[49] B. Duplantier (デュプランティエ), Brownian motion, "diverse and undulating", Einstein, 1905-2005, Poincaré Seminar **1** (2005), Progress in Mathematical Physics, Vol. 47, 201-293, Birkhäuser, 2006.

[50] A. Dvoretzky (ドボレツキ), P. Erdös and S. Kakutani (角谷静夫), Multiple points of paths of Brownian motions in the plane, Bull. Res. Council Israel, **3** (1954), 364-371.

[51] E. イーデルソン(Edelson), メンデル——遺伝の秘密を探して(オックスフォード 科学の肖像), 西田美緒子, 大月書店, 2008.

[52] J. Eells (イールス) and K. D. Elworthy (エルウォーシー), Stochastic dynamical systems, Control theory and topics in functional analysis, Ⅲ, 179-185, Intern. atomic energy agency, Vienna, 1976.

[53] A. Einstein (アインシュタイン), Über die von der molekularkinetischen Theorie der Wärme geforderte Bewegung von in ruhenden Flüssigkeiten suspendierten Teilchen, Ann. der Phys., **17** (1905), 549-560. (英訳：On the movement of small particles suspended in a stationary liquid demanded by the molecular-kinetic theory of heat, in "Investigations on the theory of Brownian Movement", ed. by R. Fürth and A. Cowper, 1-18, Dover, 1959. (邦訳：熱の分子論から要求される静止液体中の懸濁粒子の運動について, アインシュタイン選集 1, 湯川秀樹監修, 218-240, 共立出版, 1971)

[54] A. Einstein, Einstein's autobiography, "Albert Einstein: Philosopher-Scientist" (P. A. Schilpp 編)；第 1 章. (邦訳：アインシュタイン 自伝ノート, 中村誠太郎, 五十嵐正敬訳, 東京図書, 1978)

[55] L. P. Eisenhart (アイゼンハルト), A Treatise on the Differential Geometry of curves and surfaces, Ginn and Company, 1909.

[56] L. P. Eisenhart, Riemannian Geometry, Princeton Univ. Press, 1950.

[57] K. D. Elworthy, Stochastic Differential Equations on Manifolds, Cambridge Univ. Press, 1982.

[58] P. Erdös and M. Kac (カッツ), On certain limit theorems of the theory of probability, Bull. Amer. Math. Soc., **52** (1946), 292-302.

[59] J. Favard (ファバード), Sur les polynômes de Tchebychev, C. R. Acad. Sci. Paris, **200** (1935), 2052-2055.

[60] W. Feller (フェラー), An Introduction to Probability Theory and Its Applications, I, Wiley, 1957. (邦訳：確率論とその応用, I, 河田龍夫監訳, 紀伊國屋書店, 1960)

[61] R. P. Feynman (ファインマン) and A. Hibbs (ヒブス), Quantum Me-

chanics and Path Integrals, McGraw-Hill, 1965.（邦訳：量子力学と経路積分，北原和夫訳，みすず書房，1995）

[62] R. P. ファインマン，R. B. レイトン(Leighton)，M. L. サンズ(Sands)，ファインマン物理学，I-V, 岩波書店，1967-79.

[63] L. P. Fibonacci（フィボナッチ），Liber Abaci, 1202, 2nd Ed., 1228, reprinted in Scritti di Leonardo Pisano, **1**, 1857.

[64] A. Filippov（フィリポフ），The versatile soliton, Birkhäuser, Boston, 2010.

[65] M. J. Fischer（フィッシャー），On hearing the shape of a drum, J. Combinatorial Theory, **1**（1966），105-125.

[66] R. A. Fisher（フィッシャー），The genetical theory of natural selection, 2nd ed., Dover, 1958.

[67] B. J. Ford（フォード），Brownian movement in clarkia pollen: a reprise of the first observations, The Microscope, **40**(4)(1992)，235-241.

[68] B. J. フォード，先人たちが見たミクロの世界，日経サイエンス，1998 年 7 月号．http://www.nikkei-science.com/page/magazine/9807/microscope.html

[69] J. B. J. Fourier（フーリエ），Théorie analytique de la chaleur, F. Didot, 1822.（英訳：The Analytical Theory of Heat（A. Freeman 訳），1878. 再版，Cambridge Univ. Press, 2009. 邦訳：熱の解析的理論，竹下貞雄訳，大学教育出版，2005）

[70] A. Franklin（フランクリン），A. W. Edwards（エドワーズ），D. J. Fairbanks（フェアバンクス），D. L. Hartl（ハートル）and T. Seidenfeld（セイデンフェルド），Ending the Mendel-Fisher Controversy, Univ. Pittsburgh Press, 2008.

[71] 藤原大輔，ファインマン経路積分の数学的方法——時間分割近似法，シュプリンガー東京，1999.

[72] 福島正俊，ディリクレ形式とマルコフ過程，紀伊國屋書店，1975.

[73] M. Fukushima（福島正俊），Y. Oshima（大島洋一）and M. Takeda（竹田雅好），Dirichlet Forms and Symmetric Markov Processes, De Gruyter, 1994.

[74] 福島正俊，竹田雅好，マルコフ過程，培風館，2008.

[75] 福沢諭吉，文明論之概略，巻の 2，岩波文庫，1962.

[76] 舟木直久，確率微分方程式，岩波書店，2005.

[77] 伏見康治，確率論および統計論，現代工学社，1958.

[78] F. Galton（ゴルトン），Natural Inheritance, Macmillan, 1889.（Reprint: Amer. Math. Soc., 1973 または Genetics Heritage Press, 1997）

[79] C. F. Gauss（ガウス），On conformal representation, translated from

the German by H. P. Evans.（ガウス全集 Vol. 4, 確率論と幾何学）
[80] S. G. ギンディキン（Gindikin），ガウスが切り開いた道，三浦伸夫訳，シュプリンガー東京，2012.
[81] L. G. Gouy（グイ），Note sur le mouvement brownien, J. de Phys., Théo. et Appl. Deuxième ser., **7**（1886），561–564.
[82] 博学こだわり倶楽部[編]，確率——面白すぎる知恵本，河出書房新社，2011.
[83] G. H. Hardy（ハーディ），Weierstrass's non-differentiable function, Trans. Amer. Math. Soc., **20**（1916），301–324.
[84] T. E. Harris（ハリス），The Theory of Branching Processes, Springer, 1963.
[85] W. Heisenberg（ハイゼンベルク），Über quantentheoretische Umdeutung kinematischer und mechanischer Beziehungen, Z. Phys., **33**（1925），879–893.（邦訳：量子論的な運動学および力学の直観的内容について，河辺六男訳，世界の名著 66「現代の科学 II」，中央公論社，1970）
[86] W. Heisenberg, Der Teil und das Ganze: Gespräche im Umkreis der Atomphysik, Piper, 1969.（邦訳：部分と全体——私の生涯の偉大な出会いと対話，湯川秀樹序・山崎和夫訳，みすず書房，1999）
[87] T. Hida（飛田武幸），Canonical representations of Gaussian processes and their applications, Mem. Col. Sci. Univ. Kyoto, **33**（1960），109–155.
[88] 比企寿美子，アインシュタインからの墓碑銘，出窓社，2009.
[89] E. Hille（ヒレ），Representation of one-parameter semi-groups of linear transformations, Proc. Nat. Acad. Sci., **28**（1942），175–178.
[90] 日野正訓，ディリクレ形式における指標，数学，**66**（2014），61–77.
[91] 平川祐弘，ラフカディオ・ハーンの英語教育，弦書房，2013.
[92] H. Holden（ホールデン）and R. Piene（ピーネ）(eds.)，The Abel Prize 2003–2007, Springer, 2010.
[93] L. Hörmander（ヘルマンダー），Hypoelliptic second order differential equations, Acta Math., **119**（1967），147–171.
[94] D. Huff（ハフ），How to Take a Chance: The laws of Probability, Norton, 1959.（邦訳：確率の世界，国沢清典訳，講談社ブルーバックス，1967）
[95] G. A. Hunt（ハント），Random Fourier transforms, Trans. Amer. Math. Soc., **71**（1951），38–69.
[96] C. Huygens（ホイヘンス），De Ratiociniis in Ludo Aleae, 1657. https://archive.org/details/DeRatiociniisInLudoAleae
http://www.stat.ucla.edu/history/huygens.pdf

[97] N. Ikeda (池田信行), Branching Markov processes, Branching Processes Seminar Notes, Stanford University, 1966-67.

[98] 池田信行, 角谷静夫先生を偲んで, 数理科学, 2006 年 6 月号.

[99] 池田信行, 時代を先駆ける数学者 伊藤清, 伊藤清の数学, 高橋陽一郎[編], 日本評論社, 2011.

[100] N. Ikeda, S. Kusuoka (楠岡成雄) and S. Manabe (眞鍋昭治郎), Lévy's stochastic area formula and related problems, in Stochastic Analysis, Proc. Sympos. Pure Math., 281-305, **57**, AMS, 1995.

[101] N. Ikeda and H. Matsumoto (松本裕行), The Kolmogorov operator and classical mechanics, Sém. de Probabilités XLVII, ed. by C. Donati-Martin, A. Lejay and A. Rouault, Lecture Notes in Math., **2137**, 497-504, Springer-Verlag, 2015.

[102] N. Ikeda, M. Nagasawa (長沢正雄) and S. Watanabe (渡辺信三), Branching Markov processes, I, II, III, J. Math. Kyoto Univ., **8** (1968), 233-278, 365-410, **9** (1969), 95-160, **11** (1971), 195-196.

[103] 池田信行, 小倉幸雄, 高橋陽一郎, 眞鍋昭治郎, 確率論入門, I, 培風館, 2006.

[104] 池田信行, 小倉幸雄, 高橋陽一郎, 眞鍋昭治郎, 確率論入門, II, 培風館, 2015.

[105] N. Ikeda and S. Taniguchi (谷口説男), Quadratic Wiener functionals, Kalman-Bucy filters, and the KdV equation, Adv. Stu. Pure Math., **41** (2004), 167-187.

[106] N. Ikeda and S. Tanigucni, Euler polynomials, Bernoulli polynomials, and Lévy's stochastic area formula, Bull. Sci. Math., **135** (2011), 684-694.

[107] 池田信行, 谷口説男, 松本裕行, ブラウン運動, 確率論ハンドブック, 57-111, 丸善出版, 2012.

[108] N. Ikeda and S. Watanabe, Stochastic Differential Equations and Diffusion Processes, 2nd ed., North-Holland/Kodansha, 1989.

[109] N. Ikeda and S. Watanabe, On uniqueness and non-uniqueness of solutions for a class of non-linear equations and explosion problem for branching processes, J. Fac. Sci. Univ. Tokyo, **17** (1970), 187-214.

[110] 板倉聖宣, 水中で花粉は動く, "思い違いの科学史", 朝日選書(青木国夫ほか著)に所収, 1981.

[111] K. Itô (伊藤清), On stochastic processes, I (Infinitely divisible laws of probability), Japan J. Math., **18** (1941), 261-301. (Kiyosi Itô Selected Papers, Springer, 1987, にも所収)

[112] K. Itô, Markoff 過程ヲ定メル微分方程式, 全国紙上数学談話会, **244**

(1942), 1352-1400.(高橋陽一郎[編], 伊藤清の数学, 日本評論社, 2011)(英訳:Differential equations determining a Markov process, Kiyosi Itô Selected Papers, 42-75)

[113] K. Itô, On stochastic differential equations, Mem. Amer. Math. Soc., **4**, 1951.

[114] K. Itô, Multiple Wiener integral, J. Math. Soc. Japan, **3** (1951), 157-169.

[115] K. Itô, Complex multiple Wiener Integral, Jap. J. Math., **22** (1952), 63-86.

[116] 伊藤清, 確率論, 岩波書店, 1953.

[117] K. Itô, The Brownian motion and tensor fields in Riemannian manifold, Proc. Intern. Cong. Math., Stockholm, 1962.

[118] K. Itô, Stochastic parallel displacement, in "Probabilistic methods in differential equations", Lect. Notes in Math., **451** (1975), 1-7.

[119] 伊藤清, コルモゴロフの数学観と業績, 数学セミナー, 1980 年 10 月号.

[120] 伊藤清, Selected Papers: Kiyosi Itô, eds. by D. W. Stroock, S. R. S. Varadhan, Springer, 1987.

[121] 伊藤清, 確率論, 岩波基礎数学選書, 岩波書店, 1991.

[122] 伊藤清, 確率論の基礎, 岩波書店, 新版, 2004.

[123] 伊藤清, 確率論と私, 岩波現代文庫, 2018.

[124] K. Itô and H. P. McKean (マッキーン), Jr., Diffusion Processes and Their Sample Paths, Springer-Verlag, 1965.

[125] K. Itô and M. Nisio (西尾真喜子), On the convergence of sums of independent Banach space valued random variables, Osaka J. Math., **5** (1968), 35-48.

[126] 伊藤清三, ルベーグ積分入門, 裳華房, 1963.

[127] I. イワンチク(Ivanchik), A. イワンチク, 混乱するロシアの科学, 小林茂樹訳, 岩波書店, 1995.

[128] 岩波洋造, 植物の SEX——知られざる性の世界, 講談社ブルーバックス, 1973.

[129] M. Kac, On some connection between probability theory and differential and integral equations, Proc. Second Berkeley Symp. on Math. Stat. Probab., 189-215, Univ. California Press, 1951.

[130] M. Kac, Can one hear the shape of a drum?, Amer. Math. Monthly, **73** (1966), 1-23.

[131] M. Kac, Integration in function spaces and some of its applications, Accademia Nazionale dei Lincei, Pisa, 1980.

[132] M. Kac, Enigmas of Chance, An Autobiography, Harper & Row, Pub-

lishers, 1985.

[133] M. Kac, G. -C. Rota (ロタ), and J. T. Schwartz (シュワルツ), Discrete Thoughts, Essays on Mathematics, Science, and Philosophy, 2nd ed., Birkhäuser, 2008.(邦訳:数学者の断想, 竹内茂, 池永輝之, 西澤康夫, 廣田則夫訳, 森北出版, 1995)

[134] S. Kakutani (角谷静夫), Two-dimensional Brownian motion and harmonic functions, Proc. Acad. Japan, **20** (1944), 706–714.

[135] 亀高惟倫, 非線型偏微分方程式, 産業図書, 1977.

[136] 神谷宣郎, 細胞の不思議, なにわ塾第26巻, ブレーンセンター, 1989.

[137] K. Karhunen (カルヒューネン), Über der Struktur stationieren zufälliger Funktionen, Arkiv för Matematik, **1** (1950), 141–160.

[138] S. Karlin (カーリン) and J. L. McGregor (マクレガー), The differential equations of birth-and-death processes, and the Stieltjes moment problem, Trans. Amer. Math. Soc., **85** (1957), 489–546.

[139] R. カウージャ(Kałuza), バナッハとポーランド数学, 志賀浩二訳, シュプリンガー・ジャパン, 2005.

[140] S. V. Kerov (ケロフ), Asymptotic Representation Theory of the Symmetric Group and its Applications in Analysis, Transl. Math. Monographs, 219, AMS, 2003.

[141] H. Kesten (ケステン), The limit distribution of Sinai's random walk in random environment, Physica, **138A** (1986), 299–309.

[142] A. Ya. Khinchin (ヒンチン), Asymptotische Gesetze der Wahrscheinlichkeitsrechnung, Springer, 1933.

[143] A. Ya. Khinchin, A new derivation of a formula of Paul Lévy, Bull. Moscow Gov. Univ., **1** (1937), 1–5 (ロシア語).

[144] J. F. C. Kingman (キングマン), The representation of partition structures, J. London Math. Soc., **18** (1978), 374–380.

[145] F. クライン(Klein), クライン:19世紀の数学, 彌永昌吉監修, 共立出版, 1995.

[146] 小林昭七, 曲線と曲面の微分幾何, 裳華房, 1977.

[147] A. N. Kolmogorov (コルモゴロフ), General measure theory and probability calculus, Selected Works of A. N. Kolmogorov, Vol. II, 48–59, Trudy Kommunist. Akad. Razd. Mat., **1** (1929), 8–21 (ロシア語).

[148] A. N. Kolmogorov, On analytical methods in probability theory, Selected Works of A. N. Kolmogorov, Vol. II, 62–108; Über die analytischen Methoden in der Wahrscheinlichkeitsrechnung, Math. Ann., **104** (1931), 415–458.

[149] A. N. Kolmogorov, Ancora sulla forma generale di un processo stocas-

tico omogeneo, Atti della Reale Accademia Nazionale dei Lincei, Ser. 6, Rendiconti, Classe di Scienze Fisiche, Matematiche e Naturali, **15** (1932), 866-869.

[150] A. N. Kolmogorov, Grundbegriffe der Wahrscheinlichkeitsrechnung, Erg. de Math., 1933.(邦訳：確率論の基礎概念，根本伸司，一條洋訳，東京図書，1969)

[151] A. N. Kolmogorov, Zufällige Bewegungen (zur Theorie der Brownschen Bewegung), Ann. Math. II, **35** (1934), 116-117.

[152] A. N. Kolmogorov, Unbiased estimates, Izvestiya Akad. Nauk SSSR, Ser. Mat., **14** (1950), 303-326 (ロシア語).(英訳：Amer. Math. Soc. Translations, No. 98, 1953)

[153] A. N. Kolmogorov and N. A. Dmitriev (ドミトリエフ), Branching random processes, Dokl. Akad. Nauk SSSR, **56** (1947), 7-10. (Selected Works of A. N. Kolmogorov, Vol. II: Probability Theory and Mathematical Statistics, 309-314, ed. by A. N. Shiryayev, trans. from Russian by G. Lindquist, Kluwer Academic Publ., 1991)

[154] A. N. Kolmogorov and M. A. Leontovich (レオントビッチ), On computing the mean Brownian area, Phys. Z. Sov., **4** (1933), 1-13.

[155] A. N. Kolmogorov, I. G. Petrovskiĭ(ペトロフスキー) and N. S. Piskounov (ピスクノフ), A study of the diffusion equation with increase in the amount of substance, and its application to a biological problem, Bull. Moscow Univ., Math. Mech., **1** (1937), 1-26. (Selected Works of A. N. Kolmogorov, Vol. I: Mathematics and Mechanics, 242-270, ed. by V. M. Tikhomirov, trans. from Russian by V. M. Volosov, Kluwer Academic Publ., 1991)

[156] B. O. Koopman (クープマン), The axioms and algebra of intuitive probability, Ann. Math., **41** (1940), 269-292.

[157] B. O. Koopman, The bases of probability, Bull. Math. Amer. Soc., **46** (1940), 763-774.

[158] T. W. ケルナー(Körner), フーリエ解析大全(上，下)，高橋陽一郎訳，朝倉書店，1996.

[159] D. Korteweg (コルトヴェーク) and G. de Vries (ド・フリース), On the Change of Form of Long Waves Advancing in a Rectangular Canal, and on a New Type of Long Stationary Waves, Phil. Mag. Series 5, **39** (1895), 422-443.

[160] 小谷眞一，測度と確率，岩波書店，2005.

[161] M. Kumar (クマール), Quantum, Einstein, Bohr and the Great Debate About the Nature of Reality, Icon Books, 2009.(邦訳：量子革命――アイ

ンシュタインとボーア，偉大なる頭脳の激突，青木薫訳，新潮文庫，2017)

[162] H. Kunita（國田寛）and S. Watanabe, On square integrable martingales, Nagoya Math. J., **30**（1967），209–245.

[163] 黒川信重，オイラー探検，シュプリンガー・ジャパン，2007.

[164] S. Kusuoka, The generalized Malliavin calculus based on Brownian sheet and Bismut's expansion for large deviation, in Stochastic Processes – Mathematics and Physics, Proc. 1st BiBos-Symp., Lecture Notes Math., **1158**, 141–157, 1986.

[165] P. S. ラプラス（Laplace），Théorie Analytique des Probabilités, 1812.（邦訳：ラプラス 確率論——確率の解析的理論，伊藤清，樋口順四郎訳，共立出版，1986）

[166] H. Lebesgue（ルベーグ），Intégrale, longueur, aire, Ann. Mat. Pure Appl.,(3) **7**(1902)，231–359.

[167] W. Ledermann（レーダーマン）and G. E. H. Reuter（ロイター），Spectral theory for the differential equations of simple birth and death processes, Philos. Trans. Roy. Soc. London, **246**（1953），321–369.

[168] P. Lévy（レヴィ），Sur les intégrales dont les éléments sont des variables aléatoires indépendantes, Ann. Scuola Norm. Sup. Pisa,（2）**3**（1934），337–366.

[169] P. Lévy, Théorie de l'Addition des Variables Aléatoires, Gauthier-Villars, 1937.

[170] P. Lévy, Le mouvement brownien plan, Amer. J. Math., **62**（1940），487–550.

[171] P. Lévy, Processus stochastiques et mouvement brownien, Gauthier-Villars, 1948.

[172] P. Lévy, Wiener's random function, and other Laplacian random functions, Proc. of 2nd Berkeley Symp. on Math. Stat. and Prob., 171–180, 1950.

[173] P. レヴィ，一確率論研究者の回想，飛田武幸，山本喜一訳，岩波書店，1973.

[174] M. Li（リー）and P. Vitányi（ビタニーイー），An Introduction to Kolmogorov Complexity and Its Applications, 3rd ed., Springer, 2008.

[175] J. W. Lindeberg（リンドバーグ），Eine neue Herleitung des Exponentialgesetzes in der Wahrscheinlichkeitsrechnung, Math. Z., **15**（1922），211–225.

[176] T. C. Lucretius（ルクレティウス），De Rerum Natura（ラテン語）.（英訳：W. E. Leonard, Lucretius: On the Nature of Things, Aeterna, 2011; H. A. J. Munro, T. C. Lucretius: On the Nature of Things, William

Publ., 1952. 邦訳：ルクレーティウス 物の本質について，樋口勝彦訳，岩波文庫，1961）

[177] T. Lyons（ライオンス）and Z. Qian（チェン），System Control and Rough Paths, Oxford Univ. Press, 2002.

[178] P. Malliavin（マリアバン），Stochastic calculus of variations and hypoelliptic equations, Proc. Intern. Symp. S. D. E. Kyoto 1976（ed. by K. Itô），195-263, 1978.

[179] P. Malliavin, C^k-hypoellipticity with degeneracy, in Stochastic Analysis（eds. by A. Friedman and M. Pinsky），199-214, 327-340, Academic Press, 1978.

[180] P. Malliavin and S. Taniguchi, Analytic functions, Cauchy formula, and stationary phase on a real abstract Wiener space, J. Func. Anal., **143**（1997），470-528.

[181] E. B. Mallon（マロン）and N. R. Franks（フランクス），Ants estimate area using Buffon's needle, Proc. R. Soc. London, **267**（2000），765-770.

[182] T. E. マルーク（Mallouk），A. セン（Sen），ナノマシンを動かすエンジン，日経サイエンス，2009 年 8 月号，62-67.

[183] B. B. Mandelbrot（マンデルブロー），Les objets fractals: Forme, hasard et dimension，2nd ed., Flammarion Sciences, 1984.（邦訳：フラクタル幾何学，広中平祐監訳，日経サイエンス社，1984）

[184] G. Maruyama（丸山儀四郎），The harmonic analysis of stationary stochastic processes, Mem. Fac. Sci. Kyushu Univ., Ser. 1, **4**（1949），45-106.

[185] G. Maruyama, On the transition probability functions of the Markov process, Nat. Sci. Rep. Ochanomizu Univ., **5**（1954），10-20.

[186] G. Maruyama, Continuous Markov processes and stochastic equations, Rend. Circ. Mat. Palermo, **4**（1955），48-90.

[187] G. Maruyama, Gisiro Maruyama Selected Papers（池田信行，田中洋編集），Kaigai Publications LTD, 1988.

[188] 松本吉泰，分子レベルで見た触媒の働き，講談社ブルーバックス，2015.

[189] H. P. McKean, Jr., Elementary solutions for certain parabolic partial differential equations, Trans. Amer. Math. Soc., **82**（1956），519-548.

[190] H. P. McKean, Jr. and I. M. Singer（シンガー），Curvature and eigenvalues of the Laplacian, J. Diff. Geom., **1**（1967），43-68.

[191] H. P. McKean, Jr. and H. Tanaka（田中洋），Additive functionals of the Brownian path, Mem. College Sci., Univ. of Kyoto, Ser. A Math., **33**, 1961.

[192] S. Minakshisundaram（ミナクシズンダラム），Notes on Fourier expan-

sions II, Jour. London Math. Soc., **20** (1945), 148-153.

[193] S. Minakshisundaram, A generalization of Epstein zeta function, Can. Jour. Math., **1** (1949), 320-327.

[194] 三輪哲二, 神保道夫, 伊達悦朗, ソリトンの数理, 岩波書店, 2007.

[195] 溝畑茂, 数学解析, 上, 下, 朝倉書店, 1973.

[196] W. Moore (ムーア), Schrödinger, Life and Thought, Cambridge Univ. Press, 1989. (邦訳：シュレーディンガー その生涯と思想, 小林澈郎, 土佐幸子訳, 培風館, 1995)

[197] 森鷗外, かのように, 森鷗外全集 3「灰燼／かのように」(ちくま文庫), 筑摩書房, 1995.

[198] C. B. Morrey (モーレイ), Jr., On the solutions of quasi-linear elliptic partial differential equations, Trans. AMS, **43** (1938), 126-166.

[199] 本尾実, マルコフ過程の Additive Functional, Sem. on Prob., **15**, 1963.

[200] M. Motoo (本尾実) and S. Watanabe, On a class of additive functionals of Markov processes, J. Math. Kyoto Univ., **4** (1964-65), 429-469.

[201] N. Mott (モット), Electrons in Glass, Nobel Lectures, 8, 403-413, 1977.

[202] D. マンフォード(Mumford), 確率時代の夜明け, 荒川莫訳, 数学の最先端 21 世紀への挑戦, 6, シュプリンガー・フェアラーク東京, 2006.

[203] 長井英生, 確率微分方程式, 共立出版, 1999.

[204] 長野正, 曲面の数学, 培風館, 1968.

[205] M. Nagasawa, Stochastic Processes in Quantum Physics, Birkhäuser, 1991.

[206] T. N. Narasimhan (ナラシムハン), Fourier's heat conduction equation: history, influence, and connections, Reviews of Geophysics, **37**, No. 1, Feb. (1999), 151-172.

[207] 日本数学会編, 岩波数学辞典第 4 版, 岩波書店, 2007.

[208] 新妻昭夫, 進化論の時代——ウォーレス=ダーウィン往復書簡, みすず書房, 2010.

[209] 日経サイエンス編集部, ノーベル物理学賞／化学賞：物質の「トポロジカル相」を発見/分子マシンを設計・合成, 日経サイエンス, 2016 年 12 月号.

[210] 西尾真喜子, 確率論, 実教出版, 1978.

[211] 小川束, 関孝和によるベルヌーイ数の発見, 京都大学数理解析研究所講究録 **1583** (2008), 1-18.

[212] 太田浩一, 西部戦線タクシーなし, 東京大学出版会広報誌[UP], 2007 年 1 月号.

[213] F. L. B. Pacioli (パチョーリ), Summa de Arithmetica, Geometria, Proportioni et Proportionalita, 1494.

[214] R. E. A. C. Paley (ペーリー) and N. Wiener (ウィナー), Fourier Trans-

forms in the Complex Domain, Amer. Math. Soc. Colloq. Publ., **19**, 1934.

[215] R. E. A. C. Paley, N. Wiener and A. Zygmund (ジグムント), Notes on random functions, Math. Zeit., **37** (1933), 647-668.

[216] L. パストゥール(Pasteur), 自然発生説の検討, 山口清三郎訳, 生物学選書, 北隆館, 1948；岩波文庫, 1970.

[217] J. Perrin (ペラン), L'agitation moléculaire et le mouvement brownien, Comptes Rendus, **147** (1908), 967-970. Mouvement Brownien et réalité moléculaire, Ann. Chimie et Physique, **18** (1909), 1-114.

[218] J. Perrin, Atoms, D. Van Nostrand Co., 1916. https://archive.org/details/atoms00perrgoog. (原著：Les Atomes, Librairie Félix Alcan, 1913. 邦訳：原子, 玉蟲文一訳, 岩波文庫, 1978)

[219] J. Perrin, Discontinuous structure of matter, Nobel Lectures, Physics, 1922-1941, Elsevier Publishing Company. (邦訳：物質の非連続構造に関する研究, とくに沈殿平衡の発見に対して, ノーベル賞講演物理学 4, 中村誠太郎, 小沼通二編, 93-128, 講談社, 1979)

[220] I. Petrovskiĭ, Zur ernsten Randwertaufgabe der Wärmeleitungleichnung, Comp. Math., **1** (1935), 383-419.

[221] A. Pinkus (ピンカス), Weierstrass and approximation theory, J. Approx. Th., **107** (2000), 1-66.

[222] M. Pinsky (ピンスキー), Introduction to Fourier Analysis and Wavelets, Brooks/Cole, 2001.

[223] Å. Pleijel (プレイイェル), A study of certain Green's functions with applications in the theory of vibrating membranes, Ark. Mat., **2** (1954), 553-569.

[224] J. H. ポアンカレ(Poincaré), 科学と方法, 吉田洋一訳, 岩波文庫, 1953.

[225] J. H. ポアンカレ, 科学の価値, 吉田洋一訳, 岩波文庫, 1977.

[226] G. Pólya (ポリヤ), Über den zentralen Grenzwertsatz der Wahrscheinlichkeitsrechnung und das Momentenproblem, Math. Z., **8** (1920), 171-181.

[227] G. Pólya, Über eine Aufgabe der Wahrscheinlichkeitsrechnung betreffend die Irrfahrt im Straßennetz, Math. Ann., **84** (1921), 149-160.

[228] Yu. V. Prokhorov (プロホロフ), Convergence of random processes and limit theorems in probability theory, Theory Probab. Appl., **1** (1956), 155-214.

[229] D. B. Ray (レイ), Resolvens, transition functions and strongly Markovian processes, Ann. Math., **76** (1959), 43-72.

[230] G. F. B. Riemann (リーマン), On the hypotheses which lie at the Foun-

dations on Geometry, 1854, ゲッチンゲン大学の教授資格講演：幾何学の基礎にある仮説について.

[231] 坂根由昌, Bézier 曲線と Bézier 曲面, 現代数学序説(III)(川中宣明, 宮西正宜編集)に所収, 大阪大学出版会, 2002.

[232] 佐藤健一, レヴィ過程, 確率論ハンドブック, 113-152, 丸善出版, 2012.

[233] T. H. Savits (サビッツ), The explosion problem for branching Markov process, Osaka J. Math., **6** (1969), 375-395.

[234] L. L. シービンガー(Schiebinger), 植物と帝国――抹殺された中絶薬とジェンダー, 小川眞里子, 弓削尚子訳, 工作舎, 2007.

[235] E. シュレディンガー(Schrödinger), シュレーディンガー選集 1, 波動力学論文集, 湯川秀樹監修, 田中正, 南政次訳, 共立出版, 1974.

[236] E. Schrödinger, Über die Umkehrung der Naturgesetze, Sitzungsberichte der Preussischen, Akad. der Wissenschaften, Physikalisch-Mathematische Klasse, 144-153, 1931.

[237] E. Schrödinger, Quantisierung als Eigenwertproblem (3. Mitteilung), Ann. der Phys., **80** (1926), 437-490.

[238] E. Schrödinger, Quantisierung als Eigenwertproblem (4. Mitteilung), Ann. der Phys., **81** (1926), 109-139.

[239] E. Schrödinger, Der stetige Übergang von der Mikro-aur Makromechanik, Die Naturwissenschaften, **28** (1926), 664-666.

[240] E. Schrödinger, Über das Verhältnis der Heisenberg-Born-Jordanschen Quantenmechanik zu der meinen, Ann. der Phys., **79** (1926), 734-756.

[241] J. Scott Russell (スコット-ラッセル), Report on Waves, Report of the fourteenth meeting of the British Association for the Advancement of Science, York, September 1844, London, John Murray,(1845), 311-390, Plates XLVII-LVII.

[242] 関根順, 数理ファイナンス, 培風館, 2007.

[243] B. A. セバスチヤノフ(Sevast'ianov), 分枝過程, 長澤正雄訳, 産業図書, 1976. (原著：ロシア語)

[244] G. Shafer (シェイファー) and V. Vovk (ウォフク), Probability and Finance, It's Only a Game!, John Wiley & Sons, 2001. (邦訳：ゲームとしての確率とファイナンス, 竹内啓, 公文雅之訳, 岩波書店, 2006)

[245] 志賀浩二, 無限からの光芒, 日本評論社, 1988.

[246] I. Shigekawa (重川一郎), Derivatives of Wiener functionals and absolute continuity of induced measures, J. Math. Kyoto Univ., **20** (1980), 263-289.

[247] J. A. Shohat (ショハット) and J. D. Tamarkin (タマルキン), The Problem of Moments, Amer. Math. Soc., Math. Surveys, **1**, 1943.

[248] S. E. シュリーヴ(Shreve), ファイナンスのための確率解析II, 長山いずみ他訳, 丸善出版, 2012.

[249] B. Simon (サイモン), Szegö's Theorem and Its Descendants, Princeton Univ. Press, 2011.

[250] Y. G. Sinai (シナイ), Limiting behavior of a one-dimensional random walk in random medium, Theory of Prob. Appl., **27** (1982), 256-268.

[251] 白尾恒吉, 確率論における強法則の精密化の一般論, Sem. on Prob., **2**, 1960.

[252] 白尾恒吉, 長沢正雄, 年令と符号を持つ分枝過程, Sem. on Prob., **25**, 1966.

[253] T. Sirao, On the continuity of Brownian motion with a multidimensional parameter, Nagoya Math. J., **16** (1960), 135-156.

[254] T. Sirao and H. Watanabe (渡邉壽夫), On the upper and lower class for stationary Gaussian processes, Trans. Amer. Math. Soc., **147** (1970), 301-331.

[255] A. V. Skorokhod (スコロホッド), Branching diffusion processes, Theory Probab. Appl., **9** (1964), 445-449. (原著：ロシア語)

[256] M. von Smoluchowski (スモルコフスキー), Zur kinetischen Theorie der Brownschen Molekularbewegung und der Suspensionen, Ann. der Phys., **21** (1906), 756-780.

[257] J. L. Snell (スネル), A conversation with Joe Doob, Stoch. Proc. Appl., **115** (2005), 1061-1072.

[258] J. M. Steele (スティール), Stochastic calculus and financial applications, Springer, 2001.

[259] H. Steinhaus (シュタインハウス), Über die Wahrscheinlichkeit dafür, das ders Konvergenzkreis einer Potenzreihe ihre natürliche Grenze ist, Math. Z., **31** (1930), 408-416.

[260] 砂田利一, 基本群とラプラシアン——幾何学における数論的方法, 紀伊國屋書店, 1988.

[261] T. Takagi (高木貞治), A simple example of a continuous function without derivative, Proc. Phys. Math. Japan, **1** (1903), 176-177.

[262] 高木貞治, 解析概論, 岩波書店, 初版 1938, 改訂第 3 版, 1961.

[263] 高木貞治, 近世数学史談, 岩波文庫, 1995.

[264] 高橋陽一郎, 実関数と Fourier 解析, 1, 2, 岩波講座 現代数学の基礎, 1996-98.

[265] 高橋陽一郎, 漸近挙動入門, 日本評論社, 2002.

[266] Y. Takahashi (高橋陽一郎) and S. Watanabe, The probability functionals (Onsager-Machlup functions) of diffusion processes, in

Stochastic Integrals, ed. by D. Williams, Lect. Notes Math., **851**, 433-463, Springer, 1981.

[267] H. Tanaka, Stochastic Processes, World Scientific, 2002.

[268] 田中俊一，伊達悦朗，KdV 方程式，紀伊國屋書店，1979.

[269] S. Taniguchi, Brownian sheet and reflectionless potentials, Stoch. Pro. Appl., **116** (2006), 293-309.

[270] 谷口説男，確率微分方程式，共立出版，2016.

[271] 谷口説男，松本裕行，確率解析，培風館，2013.

[272] 寺田寅彦，寺田寅彦随筆集，第二巻，207-262，岩波文庫，1964.

[273] 寺阪英孝，静間良次，19 世紀の数学，幾何 II，21-74，共立出版，1982.

[274] 戸田盛和，ミクロへ，さらにミクロへ——量子力学の世界，岩波書店，1998.

[275] I. トドハンター（Todhunter），確率論史，安藤洋美訳，現代数学社，2002.

[276] L. トルストイ（Tolstoi），戦争と平和（三），工藤精一郎訳，新潮文庫，1972.

[277] M. Tomisaki（富崎松代），A construction of diffusion processes with singular product measures, Z. Wahrsch. Verw. Gebiete, **53** (1980), 51-70.

[278] 朝永振一郎，物理学とは何だろうか（上，下），岩波新書，1979.

[279] 十時東生，エルゴード理論入門，共立出版，1971.

[280] H. F. Trotter（トロッター），A property of Brownian motion paths, Illi. J. Math., **2** (1958), 425-433.

[281] 鶴見俊輔，加藤典洋，黒川創，日米交換船，新潮社，2006.

[282] 牛木辰男，甲賀大輔，ミクロにひそむ不思議，岩波ジュニア新書，2008.

[283] J. H. van Vleck（ヴァン・ヴレック），The correspondence principle in the statistical interpretation of quantum mechanics, Proc. Nat. Acad. Sci., U.S.A., **13** (1928), 178-188.

[284] J. Ville（ヴィル），Étude critique de la notion de collectif, Thèsis, La Faculté des Sciences de Paris, 1939. http://archive.numdam.org/article/THESE_1939__218__1_0.pdf

[285] V. A. Volkonsky（ボルコンスキー），Random substitution of time in strong Markov processes, Theory Prob. Appl., **6** (1961), 47-56.

[286] R. von Mises（フォン・ミーゼス），Wahrscheinlichkeitsrechnung, 1931.

[287] Y. Washio（鷲尾泰俊），H. Morimoto（森本治樹）and N. Ikeda, Unbiased estimation based on sufficient statistics, Bull. Math. Statist, **6** (1956), 69-93.

[288] S. Watanabe, Lectures on Stochastic Differential Equations and Malliavin Calculus, Tata Institute of Fundamental Research, Springer, 1984.

[289] S. Watanabe, Analysis of Wiener functionals (Malliavin calculus) and

its applications to heat kernels, Ann. Probab., **15** (1987), 1-39.

[290] S. Watanabe, Short time asymptotic problems in Wiener functional integration theory, application to heat kernels and index theorems, II, 1988, Lect. Notes Math., **1444** (1990), 1-62.

[291] T. Watanabe (渡辺毅), A probabilistic method in Hausdorff moment problem and Laplace-Stieltjes transform, J. Math. Soc. Japan, **12** (1960), 192-206.

[292] K. T. W. Weierstrass (ワイエルシュトラス), Über continuirliche Functionen eines reellen Arguments, die für keinen Wert des letzteren einen bestimmten Differentialquotienten besitzen, Collected Works; English translation: On continuous functions of a real argument that do not have a well-defined differential quotient, in Classics on Fractals, ed by G. A. Edgar, 3-9, Addison-Wesley, 1993.

[293] H. Weyl (ワイル), Das asymptotische Verteilungsgesetz der Eigenschwingungen eines beliebig gestalteten elastischen Körpers, Rend. Cir. Mat. Palermo, **39** (1915), 1-50.

[294] N. Wiener, The Fourier Integral and Certain of its Applications, Cambridge Univ. Press, 1933.

[295] N. ウィナー，ノーバート・ウィーナー自伝，池原止戈夫訳，鱒書房，1956. 神童から俗人へ——わが幼時と青春，鎮目恭夫訳，みすず書房，1983.

[296] N. Wiener, I Am a Mathematician, MIT Press, 1956.(邦訳：サイバネティックスはいかにして生まれたか 新装版，鎮目恭夫訳，みすず書房，1983)

[297] N. Wiener, Collected Works, ed. by P. Masani, Vol. 1, MIT Press, 1976.

[298] N. Wiener, Differential space, J. Math. Phys., **2** (1923), 131-174.

[299] N. Wiener, The Dirichlet problem, J. Math. Phys., **3** (1924), 127-146.

[300] N. Wiener, Generalized harmonic analysis, Acta Math., **56** (1930), 117-258.

[301] N. Wiener, R. E. A. C. Paley - In memoriam, Bull. AMS, **39** (1933), 476.

[302] N. Wiener, The homogeneous chaos, Amer. J. Math., **60** (1938), 897-936.

[303] E. Wong (ウォング) and M. Zakai (ザカイ), On the relation between ordinary and stochastic differential equations, Intern. J. Engng. Sci., **3** (1965), 213-229.

[304] 米沢富美子，ブラウン運動，共立出版，1986.

[305] 米沢富美子，人物で語る物理入門(上)，岩波新書，2005.

[306] K. Yosida（吉田耕作）, On the differentiability and the representation of one-parameter semi-group of linear operators, J. Math. Soc. Japan, **1**（1948）, 15–21.

[307] N. Zabusky（ザブスキー）and M. Kruskal（クラスカル）, Interaction of "Solitons" in a Collisionless Plasma and the Recurrence of Initial States, Phys. Rev. Lett., **15**（1965）, 240–243.

あとがき

本書は2018年1月16日に逝去された池田信行先生の遺稿に加筆・修正をしたものです．お亡くなりになる前に，初稿は8.2節を除き文献表も込めて完成しており，その推敲も第5章まで完了していました．先生は，初稿にあった詳しい専門的な数学的記述を推敲の段階で削除され，確率論の知識がなくとも読めるようにと，修正を進めておられました．第5章までとそれ以後の数学的内容に差があるのはそのためです．私たちは，先生の遺稿になるべく手を加えないようにして最終稿を仕上げました．私たちが加えた改変は以下の通りです．

(i)　タイプミスの修正

(ii)　表記の揺れの修正

(iii)　文意を明確とするための，できる限り少しの修正・加筆

(iv)　先生の手書き原稿のあった図2.1，2.2，2.4，4.1，4.3，4.4，5.1，7.1，および原稿のない図8.2，8.3，8.4の作図

(v)　初稿では原稿がなかった8.2節の書き起こし

(vi)　文献表の完成

(vii)　索引の作成(索引掲載語は私たちが決めています)

お亡くなりになる直前に「本の完成は弟子に任せる」と書き残されたとご遺族から伺いました．先生のお考えに沿う形で完成できたのか，力足りない弟子には心もとないものがありますが，先生のご冥福を祈りつつ，本書を完成版として上梓させていただきます．

2018年11月15日

谷口説男
松本裕行

索　引

ア　行

カ　行

サ　行

タ　行

マ　行

ヤ　行

ラ　行

ワ　行

池田信行

1929年長崎県生まれ.
1953年九州大学理学部数学科卒.
大阪大学教授, 立命館大学教授などを務める.
2018年1月逝去.
専門は確率論.

偶然の輝き
—ブラウン運動を巡る2000年　　数学, この大きな流れ

2018年12月11日　第1刷発行

著　者　池田信行（いけだのぶゆき）

発行者　岡本　厚

発行所　株式会社 岩波書店
〒101-8002 東京都千代田区一ツ橋2-5-5
電話案内 03-5210-4000
http://www.iwanami.co.jp/

印刷・法令印刷　カバー・半七印刷　製本・牧製本

ISBN 978-4-00-006794-2　　Printed in Japan